T0054783

SHOCK CLIMÁTICO

SHOCK CLIMÁTICO

Consecuencias económicas del calentamiento global

Gernot Wagner y Martin L. Weitzman

Antoni Bosch editor, S.A.
Palafolls 28, 08017 Barcelona, España
Tel. (+34) 93 206 0730
info@antonibosch.com
www.antonibosch.com

Título original de la obra:
Climate shock
The Economic Consequences of a Hotter Planet

ISBN: 978-84-941595-6-5
Depósito legal: B. 29.718-2015

Diseño de la cubierta: Compañía
Fotocomposición: Paty Candia
Corrección: Andreu Navarro
Impresión: Bookprint

Impreso en España
Printed in Spain

Para Siri y Jennifer

Índice

Nota del editor

Nos complace poner al alcance del lector en lengua castellana la obra de Gernot Wagner y Martin L. Weitzman, economistas y profundos conocedores de los procesos implicados en el cambio climático. Puesto que la voluntad de los autores era presentar un texto riguroso pero a la vez accesible a cualquier interesado en la materia, donde los datos de carácter más técnico quedaban en un segundo plano, hemos optado, de común acuerdo con ellos, por suprimir en nuestra edición impresa el extenso apartado de "Notas" y el de "Bibliografía" que incluye la edición original en inglés.

Esta información, que da cuenta de las fuentes en que se apoya esta obra y proporciona referencias para análisis más detallados de los problemas que en ella se abordan, se encuentra disponible en nuestra web, www.antonibosch.com, y puede consultarse de manera gratuita. Confiamos en facilitar así al lector un libro más asequible en todos los sentidos, sin menoscabo de todo el conocimiento que los autores ponen a nuestra disposición.

Prólogo
Examen sorpresa

> Dos preguntas rápidas:
> ¿Cree usted que el cambio climático es un problema al que es urgente dar solución?
> ¿Cree usted que será difícil que se abandonen los combustibles fósiles?

Si ha respondido «sí» a las dos preguntas, bienvenido sea. Según vaya leyendo este libro asentirá, y puede que de vez en cuando lance vítores. Se sentirá reafirmado.

También se encuentra usted en minoría. La inmensa mayoría de las personas responde «sí» a una de estas dos preguntas, pero no a ambas.

Si ha respondido «sí» sólo a la primera pregunta, es probable que se considere a sí mismo un ecologista comprometido. Es posible que piense que el cambio climático es el tema candente por excelencia al que se enfrenta nuestra sociedad. Las cosas van mal, peor de lo que piensa la mayoría de la gente. Ya empiezan a afectarnos más de cerca, y acabarán por golpearnos de lleno. Deberíamos estar movilizando todos nuestros recursos: paneles solares, carriles bici y todo lo demás.

En parte, está usted en lo cierto. El cambio climático es un problema urgente. Ahora bien, si piensa que renunciar a los combustibles fósiles será fácil, se engaña. Ese será uno de los retos más complicados a los que se haya enfrentado jamás la civilización contemporánea, y requerirá el esfuerzo más sostenido, bien gestionado y globalmente cooperativo que jamás haya realizado la especie humana.

Si ha respondido «sí» sólo a la segunda pregunta, lo más probable es que no piense que el cambio climático sea el problema decisivo de nuestra época. Eso no quiere decir necesariamente que sea un *escéptico* o un *negacionista* en lo que se refiere a las pruebas científicas; es posible que siga pensando que el calentamiento global es un asunto digno de atención. Sin embargo, por realismo no podemos interrumpir la vida tal como la conocemos para aliviar un problema que tardará décadas o siglos en manifestarse con toda su fuerza. Además, algunas personas padecen ahora mismo debido a la *falta* de energía. Y todo lo que hagan Estados Unidos, Europa u otros grandes emisores para controlar su consumo de energía será anulado por China, India y otros a medida que vayan aproximándose al nivel de vida de los países ricos. Usted sabe que es inevitable tener que llegar a algún tipo de compromiso, sabe que no basta con paneles solares y carriles bici.

Está usted en lo cierto, pero nada de eso hace del cambio climático un asunto menos problemático. Precisamente por el carácter a largo plazo de las soluciones y por la compleja red de afectados tenemos que actuar de forma decisiva ahora.

***

Si usted es economista, lo más probable es que haya contestado «sí» a la segunda pregunta. Prácticamente todos los análisis económicos al uso prescriben una postura *realista*. Al fin y al cabo, los *trade-offs*, como se dice en inglés, o *quid pro quo*, son el elemento básico en el que viven y operan los economistas. Puede que el amor que sienta por sus hijos supere todo lo conocido en este mundo, pero como economista, usted está obligado a decir que, estrictamente hablando, este amor no es infinito. Puede que como padre invierta enormes cantidades de dinero y de tiempo en el bienestar de sus hijos, pero también usted sabe que alguna cosa deberá sacrificar: hay que elegir, ya sea entre continuar trabajando o leerles cuentos en la cama, entre continuar jugando con ellos o ponerlos a hacer los deberes.

Estos *trade-offs* o sacrificios son especialmente relevantes a escala local, nacional o global. Y quizá en ninguna otra cuestión como el cambio climático a escala planetaria (la máxima expresión del conflicto entre dedicar recursos al crecimiento económico o a preservar el medio ambiente) resulten tan evidentes. En la actualidad, una política climática más exigente supondría un mayor coste económico de forma inmediata. Las centrales eléctricas de carbón deberían cerrarse antes de tiempo o ni siquiera se llegarían a construir. Esto significaría un mayor coste tanto para las empresas eléctricas como para los consumidores de electricidad. El quid de la cuestión reside en saber si esos costes compensan los beneficios de adoptar estas medidas, tanto por la disminución de la contaminación por carbono como por los rendimientos derivados de invertir en unas tecnologías más limpias y baratas.

Los economistas suelen considerarse a sí mismos como árbitros racionales en debates de este tipo. El aire que respiramos ahora es de peor calidad que el de la Edad de Piedra, pero nuestra esperanza de vida es muy superior. El nivel del mar está subiendo, poniendo así en peligro cientos de millones de vidas y de formas de subsistencia, pero las sociedades humanas no es la primera vez que han trasladado las ciudades de lugar. Abandonar los combustibles fósiles será complicado, pero sin duda el ingenio humano —el cambio tecnológico— volverá a salvarnos. La vida será distinta, pero ¿quién puede decir que será peor? Los mercados nos han proporcionado vidas más largas y mayor abundancia. Dejemos que las fuerzas del mercado, tuteladas de manera apropiada, obren su magia.

Hay mucho que decir a favor de esa lógica. Pero las palabras decisivas son «tuteladas de manera apropiada». ¿Qué costes exactos tendrá un cambio climático continuado? ¿Qué es lo que sabemos, qué es lo que no sabemos, y qué es lo que resulta imposible de saber? Por último, ¿adónde nos conduce aquello que no sabemos?

La última pregunta es la decisiva: casi todo lo que sabemos nos indica que el cambio climático es un fenómeno negativo, y casi todo lo que no sabemos nos indica que probablemente sea mucho peor de lo que pensamos.

Negativo o *peor* no significa que la situación sea desesperada. Es más, casi todos los pronósticos de este libro van precedidos de alguna versión de la frase «a menos que actuemos». No estamos haciendo pronósticos sólo para ver si se cumplen. Estamos hablando de adónde pueden conducirnos unas fuerzas económicas incontroladas a fin de orientarlas en una dirección mucho más productiva y mejor, y podemos hacerlo. Desde muchos puntos de vista, la cuestión de ponerle un precio apropiado al carbono no gira en torno a si vamos a hacerlo o no, sino en torno a cuándo vamos a hacerlo.

Shock climático

Capítulo 1
Urgencias

Demos gracias a la corrupción policial rusa por las filmaciones que lograron eludir a la NASA y al resto de agencias espaciales. El 15 de febrero de 2013, un asteroide de veinte metros de ancho explotó sobre el cielo de la ciudad rusa de Chelyabinsk durante la hora punta de la mañana, lo que provocó una explosión más luminosa que el sol. Pronto aparecieron en Internet algunos vídeos espectaculares, la mayoría grabados por las cámaras que muchos conductores rusos llevan en el salpicadero del coche para protegerse del arbitrario comportamiento de los agentes de tráfico. La explosión hirió a mil quinientas personas, sobre todo a causa de los cristales que hizo saltar la explosión. Fue un toque de atención para que las agencias espaciales reforzaran sus medidas de detección de asteroides y de defensa frente a los accidentes que pueden ocasionar.

El dinero para tales iniciativas suele escasear. No obstante, los medios técnicos ya están ahí, o al menos podrían estarlo. Un estudio de la U. S. National Academy calcula que para poner en marcha una primera prueba de cómo desviar un asteroide que fuera camino de colisionar con la Tierra harían falta diez años y alrededor de 2.000 o 3.000 millones de dólares. Puede que no sea tan glamuroso como enviar a un hombre a la Luna, pero posiblemente sea como mínimo igual de importante.

Aunque el asteroide de Chelyabinsk era demasiado pequeño para ser desviado, habría estado bien saber algo de él con antelación. La probabilidad de que un asteroide más grande colisione con nosotros es reducida, pero no es cero. Las estimaciones mejor fundamentadas indican que se trata de un suceso que se produce una vez cada mil años, lo que equivale a una probabilidad del 10% cada cien años. Todavía no hemos invertido el dinero suficiente para saberlo con certeza. Sin embargo, unos cuantos miles de millones de dólares permitirían tanto a la NASA como a otras agencias espaciales no sólo catalogar los peligros, sino también defendernos de ellos. Se trata de una cantidad pequeña cuando se compara con una amenaza capaz de poner fin a la civilización. Hace aproximadamente sesenta y cinco millones de años, un asteroide gigantesco acabó con los dinosaurios y provocó así la quinta gran extinción de la historia del planeta.

No es que el cambio climático se esté precipitando sobre nosotros desde el espacio exterior precisamente. Es absolutamente cosa nuestra. No obstante, el grado de devastación sería similar. En su libro *La catástrofe que viene*, Elizabeth Kolbert sostiene convincentemente que esta vez «el asteroide somos nosotros». Es más, de acuerdo con una evaluación científica reciente, vamos a experimentar cambios globales a una velocidad al menos diez veces superior que en cualquier momento anterior de los últimos sesenta y cinco millones de años.

***

Cuando el huracán Sandy azotaba el litoral oriental de Estados Unidos, inundando parcialmente Manhattan por debajo del edificio del Empire State y dejando a toda la ciudad sin electricidad, el gobernador del estado de Nueva York, Andrew Cuomo, dijo irónicamente al presidente Obama: «Ahora la inundación del siglo se produce cada dos años». En agosto de 2011, el huracán Irene llevó a cerrar por primera vez, como medida preventiva, el centenario sistema de metro y autobuses de la ciudad. Volvió a cerrarse por la misma razón, por segunda vez en cien años, sólo catorce meses más tarde. El huracán Sandy tuvo lugar en 2012. En total, Irene provocó 49 muertes y desplazó a más de 2,3 millones de personas. Sandy mató a 147 personas y desplazó a 375.000.

Nueva York, por supuesto, está lejos de ser un caso único. En noviembre de 2013, el tifón Haiyan llegó a Filipinas, causó al menos seis mil muertes y desplazó a cuatro millones de personas. Apenas un año más tarde, el tifón Bopha azotó al país, ocasionó más de mil muertes y desplazó a 1,8 millones de personas. La ola de calor europea del verano de 2003 mató a quince mil personas sólo en Francia y a más de setenta mil en toda Europa. La lista continúa, y abarca tanto a los países y continentes pobres como a los ricos.

Nunca antes la sociedad —sobre todo en zonas ricas como Estados Unidos y Europa— ha estado tan preparada como en la actualidad para lidiar con estas catástrofes. Como suele ser habitual, los que más sufren son los pobres. Eso es lo que hace que las recientes muertes y desplazamientos en lugares como Nueva York sean algo tan novedoso.

La semejanza entre estas tormentas y otros fenómenos climáticos extremos con los asteroides reside en que tanto unos como otros tienen un elevado coste, tanto en dinero como en vidas. Las diferencias, importantes y manifiestas, apuntan a que el problema climático va a ser todavía más costoso.

Empecemos por lo obvio: existieron grandes tormentas mucho antes de que los seres humanos comenzaran a añadirle dióxido de carbono a la atmósfera. Ahora bien, unas temperaturas medias más elevadas significan una mayor energía en la atmósfera, lo que a su vez se plasma en tormentas más extremas, inundaciones y sequías. Las aguas próximas a las costas de Nueva York estaban a unos 3 °C por encima de la media en los días anteriores al Sandy. Las aguas costeras de Filipinas estaban a unos 3 °C por encima de la media en el preciso momento en que el Haiyan modificaba su rumbo para penetrar en el interior del país. ¿Casualidad? Quizá. El aumento de temperatura en las proximidades de Nueva York se produjo en la superficie marina. El aumento de temperatura en las proximidades de Filipinas se produjo a cien metros por debajo de ella. Ahora bien, la razón parece estar del lado de aquellos que se preguntan si no existirá un vínculo entre unas temperaturas más elevadas y unas tormentas más intensas.

De hecho, las mejores investigaciones van mucho más allá de demostrar la existencia de vínculos circunstanciales. La ciencia aún no se ha pronunciado de manera definitiva, pero las últimas investigaciones parecen indicar que el cambio climático desembocará en tormentas cada vez más frecuentes e intensas. No obstante, los huracanes se encuentran entre los sucesos climáticos más difíciles de vincular de forma directa con el cambio climático, principalmente debido a su escasa frecuencia. Es más fácil establecer vínculos directos entre el cambio climático y sucesos más habituales, como las temperaturas extremas, las inundaciones y las sequías.

Piense en conducir bajo los efectos del alcohol: el consumo de alcohol aumenta la probabilidad de que se produzca un accidente, aunque se producen muchos accidentes sin que el conductor haya bebido. También se puede comparar con la práctica del dopaje en el deporte: no puede decirse que los jonrones de Larry Bonds o las victorias de Lance Armstrong en el Tour de Francia se deban exclusivamente al dopaje. Bonds seguía teniendo que ser capaz de golpear acertadamente la pelota, y Armstrong seguía teniendo que pedalear de verdad. Sin embargo, no cabe duda de que doparse ayudó al uno a batear más fuerte y al otro a pedalear más rápido. Al igual que con las grandes tormentas, se han producido jonrones legendarios y victorias múltiples en el Tour de France en ocasiones anteriores. Pero nada de eso significa que los esteroides o unos niveles elevados de glóbulos rojos en la sangre del atleta carezcan de efectos. Algo parecido podríamos decir de los elevados niveles de dióxido de carbono que hay en la atmósfera.

A los investigadores se les da cada vez mejor emplear la «ciencia de la atribución» para identificar la huella del hombre hasta en acontecimientos aislados. El Servicio Nacional de Meteorología del Reino Unido, más conocido como el Met Office, tiene un equipo de Control y Atribución del Clima que realiza estudios en este sentido. Uno de esos estudios ha descubierto, con un margen del 90% de fiabilidad, que «la influencia humana como mínimo ha duplicado el riesgo de que una ola de calor supere el umbral» de temperatura estival media al que se llegó en Europa en 2003 y sólo otra vez en 1851. En el futuro estas interrelaciones serán mucho más claras, tanto porque la ciencia avanza como porque los fenómenos climáticos intensos se están volviendo cada vez más extremos. Puede que cuando el gobernador Cuomo dijo aquello de «ahora se produce la inundación del siglo cada dos años» no fuera más que una ocurrencia, pero no andaba desencaminado. Para finales de siglo cabe esperar que haya una inundación del siglo entre cada tres y veinte años. Estamos hablando a un siglo vista, mucho tiempo después de que nosotros hayamos desaparecido, pero sabemos que no podemos esperar tanto para hacer algo al respecto. Ya ahora, la probabilidad anual de que las aguas pluviales traspasen los rompeolas de Manhattan han pasado de ser de alrededor del 1% en el siglo XIX a estar entre un 20% y un 25%. Eso significa que cabe esperar que el Bajo Manhattan se inunde cada cuatro o cinco años.

A diferencia de lo que sucede con los asteroides, no existe ningún programa decenal de la NASA de entre 2.000 y 3.000 millones de dólares para evitar el impacto de las tormentas y otros fenómenos climáticos extremos, como las inundaciones y las sequías. Tampoco existe ningún apaño para hacer frente a episodios menos dramáticos, como la subida cada vez más veloz del nivel del mar. Tal vez construir rompeolas más altos nos permitiría salir del paso. Sin embargo, a la larga no sería muy eficaz. Un nivel del mar más elevado hace que el oleaje producido por las tormentas sea más potente y tiene, además, sus propias y costosas consecuencias. Imaginemos que estamos en el puerto de nuestra ciudad costera favorita. A continuación imaginémonos ahí a finales de siglo, cuando el nivel del mar haya subido entre 0,3 y 1 metro. Será mera cuestión de tiempo hasta que construir rompeolas cada vez más altos deje de tener utilidad y la única opción que quede sea huir.

Pero entonces será demasiado tarde para reaccionar. No podemos rehacer los glaciares ni los casquetes polares, al menos no en una escala temporal relevante para los seres humanos. La gravedad de los problemas habrá quedado determinada por las acciones que hayamos realizado, o bien omitido, en el pasado. En gran medida, las generaciones futuras se verán reducidas a la impotencia.

La geoingeniería a gran escala ofrece una posible respuesta a corto plazo: lanzar pequeñas partículas reflectantes a la estratosfera para tratar de enfriar el planeta. Sin embargo, la geoingeniería está lejos de ser perfecta, va acompañada de muchos efectos secundarios potenciales, y de ninguna manera puede reemplazar la reducción de las emisiones. Con todo, puede que sea un complemento temporal útil para medidas más de fondo. (Abordaremos las consecuencias de la geoingeniería en el capítulo 5.)

***

Nada de lo que hemos dicho hasta ahora trata siquiera de los auténticos casos límite. Tener el equivalente climático de que unos asteroides parecidos al de Chelyabinsk nos vayan golpeando es sin duda malo, pero siempre habrá formas de lidiar con ello. En el caso de asteroides relativamente pequeños, consiste en ponerse a cubierto y apartarse de las ventanas. En el caso de cambios climáticos relativamente pequeños, consiste en trasladarse a climas ligeramente más frescos y a litorales más elevados. A menudo eso es más fácil de decir que de hacer, pero al menos es factible. En lo tocante a consecuencias climáticas mucho más dramáticas —como la devastación de las tierras agrícolas productivas del planeta—, cuesta imaginar cómo podríamos lidiar con ellas de una manera que no provocase serios trastornos.

En la actualidad, los modelos económicos habituales no prevén esta posibilidad. Muchos observadores consideran que un calentamiento global promedio de más de 2 °C por encima de los niveles preindustriales podría desencadenar acontecimientos merecedores, con diversos matices, de la etiqueta de «catástrofes». A los economistas suele costarles mucho entender el significado de esta expresión. Necesitan que se la traduzcan a dólares. Así pues, ¿una catástrofe costaría cerca de un 10% de la producción económica global? ¿Un 50%? ¿Más?

Pese a que ciertamente haya que traducir catástrofes a dinero, estos análisis coste-beneficio no son más que una guía orientativa para saber cómo tendría que responder la sociedad. También deberíamos tener en cuenta desde el primer momento los riesgos catastróficos potenciales y los cambios capaces de alterar el planeta tal como lo conocemos. El cambio climático es, ante todo, un problema de gestión de riesgos; para ser exactos, es un problema de gestión de riesgos catastróficos a escala planetaria.

Camellos en Canadá

El cambio climático viene a ser un problema de políticas públicas de muy difícil solución. No son las tormentas, las inundaciones y los incendios incontrolados contemporáneos los peores efectos del calentamiento global, sino que éstos tendrán lugar mucho después de que nosotros hayamos muerto, y probablemente adopten las formas más imprevisibles. El cambio climático es distinto a cualquier otro problema medioambiental y es realmente distinto a cualquier otro problema de políticas públicas. Cuatro características lo definen:

es *global, a largo plazo, irreversible* e *incierto,* y eso lo hace indudablemente excepcional.

Esos rasgos, que podríamos denominar los Cuatro Grandes Factores, son lo que hacen del cambio climático algo tan difícil de remediar. Hasta el punto —salvo que se produjera una enorme toma conciencia planetaria— de que ni siquiera baste para afrontarlo con reducir las emisiones y adaptarse a algunas consecuencias que ya resultan inevitables. Como mínimo, tendríamos que incorporar a esa lista de consecuencias el *sufrimiento.* Los ricos se adaptarán. Los pobres sufrirán.

También está la geoingeniería, a la que parece que recurriremos de forma casi inevitable, y que pretende buscar apaños tecnológicos a escala global para un problema aparentemente irresoluble. La idea geoingenieril más notoria consiste en que introduzcamos minúsculas partículas con base de azufre en la estratosfera para tratar de crear una suerte de escudo solar artificial que ayude a enfriar el planeta.

Todo lo que sabemos sobre los aspectos económicos del cambio climático parece conducirnos en esa dirección. La geoingeniería es tan barata de poner en práctica toscamente, y posee un potencial tal, que prácticamente puede decirse que está dotada de las propiedades opuestas a la contaminación por carbono. Es el *efecto polizón* de la contaminación por carbono el que ha causado el problema: por puro y simple egoísmo, a nadie le interesa hacer lo que sería necesario. Es el mismo *efecto polizón* el que nos puede impeler a usar la geoingeniería para salir del paso: es tan barata que en algún momento alguien, sin duda obedeciendo a sus propios intereses, recurrirá a ella para solucionar el problema sin pensar demasiado en las consecuencias.

Sin embargo, aún no ha llegado el momento de hablar de ello. Primero abordemos los Cuatro Grandes Factores uno tras otro, empezando por la razón por la que el cambio climático es el problema tipo *efecto polizón* más grande de todos.

El cambio climático es excepcionalmente global. La niebla tóxica de Pekín es nociva. Tanto, que acarrea efectos reales y dramáticos sobre la salud que han llevado a las autoridades de la ciudad a cerrar colegios y a adoptar otras medidas drásticas. Ahora bien, la niebla tóxica de Pekín —o la de México D. F. o de Los Ángeles— se limita en su mayor parte a la ciudad misma. El hollín chino llega a registrarse en la Costa Oeste estadounidense, del mismo modo que de vez en cuando el polvo del Sahara llega a Europa central. No obstante, todos estos efectos siguen siendo regionales.

No ocurre lo mismo con el dióxido de carbono. No importa en qué punto del planeta se esté emitiendo una tonelada del mismo, puede que el impacto sea regional, pero el fenómeno es global, más que ningún otro problema medioambiental. El agujero de la capa de ozono del Antártico es perjudicial, pero ni siquiera en sus peores momentos ha llegado nunca al punto de abarcar el globo entero. Lo mismo cabe decir, pongamos por caso, de la pérdida de la biodiversidad o de la deforestación. Se trata de problemas regionales. Es el cambio climático lo que los vincula entre sí y los convierte en fenómenos con consecuencias globales.

La naturaleza global del calentamiento global también es el primer obstáculo para poner en práctica una política climática sensata. Es difícil lograr que los ciudadanos se impongan límites de contaminación a sí mismos incluso cuando esos límites los benefician a ellos y sólo a ellos, y cuando los beneficios de su decisión superan los costes. Y todavía resulta mucho más difícil que los votantes se impongan límites de contaminación a sí mismos cuando los costes se hacen sentir a escala local, pero los beneficios son globales: un problema global de *efecto polizón* planetario.

El cambio climático es un fenómeno a largo plazo. La última década fue la más cálida de la historia de la humanidad. La anterior a esa fue la segunda más cálida. La que la precedió fue la tercera más caliente. Según la Evaluación Climática Nacional de Estados Unidos de 2014, «los norteamericanos están empezando a notar los cambios en su entorno». En ningún lugar son tan evidentes estos cambios como en el Círculo Polar Ártico: en los últimos treinta años, la capa de hielo marino del Círculo Polar Ártico ha perdido la mitad de su superficie y tres cuartas partes de su volumen. El artículo de la revista *Foreign Policy* que describe el «inminente boom ártico» da todo esto por sentado. Por lo demás, los cambios son visibles en todas partes. De nuevo según la Evaluación Climática Nacional, «los residentes de algunas ciudades costeras ven cómo sus calles se inundan más a menudo durante las tormentas y las mareas altas. Las ciudades del interior que se encuentran cerca de grandes ríos también experimentan un mayor número de inundaciones, sobre todo en el Medio Oeste y el noreste. En las localidades más vulnerables, las primas de seguros están aumentando, y en otras ya no se pueden contratar seguros. Un clima más cálido y más seco y en el que los deshielos se producen antes supone que en el oeste los incendios incontrolados de la primavera empiecen antes, que se prolonguen hasta más avanzado el otoño y que arrasen mayores extensiones». El cambio climático ha llegado, y ha venido para quedarse.

Ahora bien, en su mayoría, las peores consecuencias del cambio climático siguen siendo remotas y a menudo están disimuladas por promedios globales y predicciones a largo plazo, como las de la temperatura global de la superficie terrestre en el año 2100 o los pronósticos sobre la subida del nivel del mar para las décadas y los siglos venideros. Segundo obstáculo para una política climática sensata: los peores efectos aún están lejos, si bien evitar tales efectos exigiría actuar ya.

El cambio climático es excepcionalmente irreversible. Incluso si dejáramos de emitir carbono mañana mismo, todavía nos esperarían décadas de calentamiento y siglos de aumento del nivel del mar. Es posible que el eventual derretimiento del manto de hielo de la Antártida occidental sea ya imparable. Ya están aquí fenómenos climáticos más extremos y nos acompañarán durante bastante tiempo.

Más de dos tercios del dióxido de carbono excedente de la atmósfera que no estaba allí cuando los seres humanos empezaron a quemar carbón seguirán presentes dentro de cien años. Bastante más de un tercio seguirá allí dentro de mil años. Estos cambios son a largo plazo y —al menos en la escala temporal relevante para los seres humanos— son poco menos que irreversibles. Tercer obstáculo.

***

Como si con tres obstáculos no bastara, para colmo existe otra característica singular del cambio climático que añadir a los Cuatro Grandes Factores, y puede que sea la más importante de todas: la multitud de incógnitas que lo acompañan. Es decir, todo lo que sabemos que no sabemos; y lo que sea quizá más importante aún: todo lo que todavía no sabemos que no sabemos.

La última vez que las concentraciones de dióxido de carbono alcanzaron unos niveles tan elevados como los de la actualidad, de 400 partes por millón (ppm), en el reloj geológico decía «Pleistoceno». Eso sucedió hace más de tres millones de años, cuando los responsables del carbono extra que había en el aire eran las variaciones naturales, no los automóviles y las fábricas. Las temperaturas globales promedio eran de alrededor de 1-2,5 ºC más cálidas que hoy, el nivel del mar era de hasta veinte metros más y en Canadá había camellos.

Sabemos que estos espectaculares cambios no van a producirse *hoy*. El efecto invernadero requiere entre décadas y siglos para hacerse sentir en toda su intensidad. Pese a los recientes cambios en el Ártico, son necesarios siglos, o como mínimo décadas, para que lleguen a fundirse los mantos de hielo. Y es necesario el mismo lapso de tiempo para que el nivel global del mar se ajuste en consecuencia. Puede que las concentraciones de dióxido de carbono estuvieran en niveles de 400 ppm hace tres millones de años, a la vez que la subida del nivel del mar iba con décadas o siglos de retraso. Esa diferencia temporal es importante y es indicativa del carácter a largo plazo e irreversible de todo ello. Véanse el segundo y tercer obstáculo. Ahora bien, todo eso consuela poco, y el cuarto obstáculo presenta un matiz importante: se trata de la gran cantidad de incógnitas que rodean el problema.

Enormes incógnitas

Los mejores modelos climáticos disponibles se aproximan en sus pronósticos de temperaturas a las del Pleistoceno, pero no prevén que el nivel del mar vaya a subir veinte metros. Tampoco predicen que vaya a haber camellos vagando por Canadá. Ni de momento, ni dentro de cientos de años. Existen dos motivos importantes por los que eso es cierto.

En primer lugar, la mayoría de los modelos climáticos están excesivamente escorados hacia lo desconocido, lo que a veces hace que sean más conservadores de la cuenta. Hasta hace poco, la mayoría de ellos pronosticaba el aumento del nivel del mar basándose únicamente en la expansión térmica de los océanos (y la fusión de los glaciares de montaña), pero sin incluir los efectos del derretimiento de los mantos de hielo. Unas aguas más calientes ocupan mayor espacio, lo que conduce al aumento del nivel del mar. Por sí solo, ese mecanismo ha contribuido indudablemente a más de un tercio del incremento del nivel del de las dos últimas décadas. También está claro que los glaciares que se están derritiendo en Groenlandia y la Antártida hacen subir el nivel del mar, pero cuánto exactamente es algo que no se sabe con certeza. Podríamos decir que se trata de una «incógnita conocida». Hasta hace poco, los conocimientos científicos sobre la fusión de los mantos de hielo polares era tan pobres que la mayoría de los modelos sencillamente los dejaban al margen.

En segundo lugar, a pesar de que los modelos climáticos sí acierten en muchas cosas, hay aspectos fundamentales de cómo funciona el clima que no comprendemos. Los promedios ya son preocupantes de por sí. Si bien un 0,1 °C de calentamiento promedio de la superficie terrestre global por década suena bastante llevadero y quizá hasta agradable, son pocos los que discuten que a este ritmo un siglo o más de calentamiento acarrearía consecuencias muy serias. Ahora bien, estos promedios ocultan dos tipos distintos de incógnitas que son los que podrían plantear los verdaderos problemas.

El primer tipo es inherente a cualquier clase de estimación global a largo plazo. Presentar sólo las cifras promedio globales disimula al menos cuatro hechos importantes: en primer lugar, durante el siglo pasado las temperaturas han estado aumentando a un ritmo creciente. En segundo lugar, a pesar de esa tendencia general al incremento, las temperaturas fluctúan a lo largo de los años y de las décadas (de ahí la tristemente célebre «década sin calentamiento»). En tercer lugar, el aire que está sobre los océanos suele estar más frío que el que está sobre la tierra. Puesto que dos tercios del planeta están constituidos por océanos, un incremento promedio global de 0,07 °C por década se traducía aproximadamente en una subida de 0,11 °C en tierra. Por último, en los polos las temperaturas han aumentado más que en otras partes. Se espera que las temperaturas árticas suban a un ritmo superior al doble del promedio global. Eso es especialmente negativo, ya que es en los polos donde se encuentra la mayor parte del hielo restante del planeta. Que el hielo se derrita en tierra por encima del nivel del mar significa que el nivel del mar subirá, como reconocen ahora los últimos pronósticos oficiales.

Después vienen las incógnitas reales y más profundas. Realizar cualquiera de estos pronósticos —se trate o no de promedios— exige recorrer varias etapas, cada una de ellas con su propio conjunto de incógnitas conocidas y, cosa mucho más molesta, con su propio conjunto de incógnitas desconocidas. Desconocemos la cantidad de contaminantes de calentamiento global que emitimos, la relación entre las emisiones y las concentraciones en la atmósfera, la relación entre las concentraciones y las temperaturas, la relación entre temperaturas y los daños físicos asociados al clima y sus consecuencias... y, cosa al menos igual de importante, tampoco sabemos cómo responderá la sociedad: ni qué medidas se tomarán para lidiar con todo ello ni hasta qué punto serán eficaces.

Determinar con precisión una de estas etapas —la relación entre las concentraciones y el aumento eventual de las temperaturas— ha resultado ser un asunto de lo más escurridizo. A pesar de que las tres últimas décadas han proporcionado asombrosos progresos en climatología, no nos han aproximado ni un ápice a la verdadera respuesta. Si duplicáramos las concentraciones de dióxido de carbono en la atmósfera —cosa que sin duda ocurrirá a menos que pongamos en práctica unas ambiciosas políticas climáticas ya—, probablemente, las temperaturas globales promedio acabarían aumentando entre 1,5 y 4,5 °C. Nuestra confianza en que las temperaturas se moverán entre estos extremos ha aumentado; sin embargo, la caracterización de estos extremos, la llamada franja «probable», no ha cambiado desde finales de la década de 1970, hecho sobre el que volveremos en el capítulo 3, titulado *Colas gruesas*.

Esa misma expresión, «colas gruesas», también es indicativa de otro problema: entre 1,5 y 4,5 °C es «probable» en el mejor sentido de la expresión. Cuando las concentraciones se dupliquen existe una alta probabilidad de que efectivamente las temperaturas se sitúen en algún punto de esa franja; es lo que se conoce como «sensibilidad climática». Ahora bien, también existe la posibilidad de que no sea así. El Grupo Intergubernamental de Expertos sobre el Cambio Climático (IPCC) considera todo lo que esté por debajo de 1 °C como «extremadamente improbable». Se trata de una evaluación bastante creíble, dado que el mundo ya se ha calentado 0,8 °C y ni siquiera hemos duplicado todavía las concentraciones de dióxido de carbono en relación con los niveles preindustriales. (Las 400 ppm que el planeta acaba de rebasar suponen un incremento de 280 ppm en relación con los niveles preindustriales.) También existe la posibilidad de que las temperaturas finales resultantes de la duplicación de las concentraciones de dióxido de carbono acaben siendo superiores a 4,5 °C. Es «improbable», pero no puede descartarse.

Mientras tanto, para la mayoría de las personas un calentamiento promedio global de 4,5 °C resulta inimaginable. Nos remite a los camellos en Canadá, o al menos a un planeta que ninguno de nosotros reconocería.

Ahora bien, ese 4,5 °C no representa el cuadro completo. Estas son las temperaturas estimadas si las concentraciones de dióxido de carbono se duplican. ¿Qué pasaría si las concentraciones de dióxido de carbono hicieran más que duplicarse? La Agencia Internacional de la Energía (AIE) pronostica unos niveles de 700 ppm, es decir, dos veces y media superiores a los niveles de tiempos preindustriales. Ahora contemplamos una franja «probable» de temperaturas de entre 2 y 6 °C.

La climatología nos advierte de que un calentamiento promedio global superior a 2 °C podría desencadenar acontecimientos devastadores. No está claro cómo calificar un calentamiento promedio global de 6 °C: «catastrófico» ya no parece hacerle justicia. Mark Lynas, que ha descrito con todo detalle los espantosos efectos del cambio climático según grados sucesivos, pone fin a su libro *Seis grados* en ese mismo punto. La introducción al capítulo final donde trata de ese aumento de 6 °C comienza con una alusión al sexto círculo del infierno de Dante. HELIX es un proyecto financiado por la Unión Europea y puesto en marcha recientemente para determinar cuál sería el impacto global y regional de un aumento de las temperaturas, y también concluye al llegar a los 6 °C. De acuerdo con nuestros propios cálculos del capítulo 3, existe una probabilidad del 10% de *rebasar* esa marca.

***

Cada vez que la ciencia apunta a la posibilidad, muy real, de esta clase de desenlaces catastróficos, entra en escena la disonancia cognitiva. Puede que los hechos sean hechos, reza el razonamiento, pero cuando recibimos una avalancha de datos, prácticamente está garantizado que los ignoramos sin pensarlo dos veces. Sencillamente, nos da la *impresión* de que eso no puede o no debería ser cierto.

La volubilidad de la naturaleza humana y los límites de nuestro entendimiento están en el centro mismo del dilema de la política climática. No nos bastará con ser listos. Resolver el dilema exige un cambio radical en nuestra forma de pensar.

El problema de la bañera

Imaginémonos la atmósfera como una bañera gigante. Tiene un grifo (las emisiones procedentes de la actividad humana) y un desagüe (la capacidad del planeta para absorber esa contaminación). Durante la mayor parte de la historia de la civilización humana y cientos de miles de años antes, las entradas y las salidas se mantuvieron en un equilibrio relativo. Entonces los seres humanos empezaron a quemar carbón y abrieron el grifo muy por encima de la capacidad del desagüe. Los niveles de carbono de la atmósfera comenzaron a aumentar hasta alcanzar unos límites que no se habían visto desde el Pleistoceno, hace más de tres millones de años.

¿Qué hacer? Esa es la pregunta que John Sterman, profesor del MIT, planteó a doscientos estudiantes de posgrado. Más concretamente, les preguntó qué había que hacer para estabilizar las concentraciones de dióxido de carbono en la atmósfera en unos niveles próximos a los actuales. ¿Cuánto debemos cerrar el grifo para estabilizar las concentraciones?

Pero esto es lo que no hay que hacer: estabilizar a partir de ahora el flujo de carbono que emitimos a la atmósfera no hará que se estabilicen las cantidades de carbono ya presentes en un nivel próximo al actual. Los niveles de carbono seguirían aumentando. Que el flujo permanezca estable año tras año no significa que la cantidad ya presente en la bañera no vaya a incrementarse. Las entradas y salidas tienen que estar equilibradas, y a menos que las entradas se reduzcan mucho, eso no sucederá con los niveles actuales de dióxido de carbono que hay en la bañera (que se encuentran actualmente en 400 ppm).

Parece evidente. Pero también parece que el alumno medio del MIT no se percata de ello, y no se trata precisamente de alumnos *promedio*. Con todo, al parecer más del 80% de los que formaban parte del estudio de Sterman confundió el grifo con la bañera, es decir, la estabilización de las entradas de agua con la estabilización del nivel.

Para ser justos, a esos doscientos alumnos del MIT no se les explicó la analogía de la bañera. En ese momento, sólo tenían ante sus ojos un extracto del «Resumen para responsables políticos» del último informe del IPCC. Se trata del documento que supuestamente explica el tema a nuestros responsables políticos. Si los alumnos de posgrado del MIT no se percatan de un tema tan fundamental como la diferencia entre las emisiones anuales y las concentraciones de dióxido de carbono en la atmósfera —la diferencia entre las entradas y el nivel de la bañera—, ¿qué se puede esperar del resto de nosotros?

Claro, es un «Resumen para *responsables políticos*». Puede que el hombre y la mujer de la calle no necesiten entenderlo, siempre y cuando los responsables políticos sí lo hagan. Sin embargo, también ahí nos encontramos un escollo. Los alumnos de posgrado del MIT bien podrían ser representativos de los responsables políticos (al menos, de los mejor formados). Tal vez el burócrata anónimo que redacta las políticas concretas tenga una licenciatura en la materia sobre la que legisla (ojalá). Sin embargo, es improbable que quienes desempeñan estos cargos sean especialistas en ningún asunto concreto. Y en última instancia, por supuesto, son los electores los que deciden cómo esa persona ha de pensar acerca de cualquier tema concreto.

A nadie debería sorprenderle, pues, que a la hora de afrontar la contaminación producida por el calentamiento global, el llamado enfoque de «esperemos y veamos» sea una opción mucho más popular de la cuenta entre los responsables políticos electos. Es precisamente lo que parece, y es una política tan desencaminada como indica la analogía de la bañera. No podemos aguardar al momento en que la capa de hielo crucial del Antártico se hunda en el océano y nos aproxime tres metros más al nivel global en que se encontraba el mar durante el Pleistoceno. Llegados a ese punto, hasta los últimos recalcitrantes se darían cuenta de que nos encontramos en un estado de emergencia climática. Ahora bien, todo ello tiene que ver con la concentración de carbono en la atmósfera. La sociedad puede controlar de manera directa la entrada de emisiones. Aunque ni siquiera en el caso de que redujéramos inmediatamente esas entradas a cero se resolvería el problema. Serán precisos siglos y milenios para que el carbono excedente se vaya eliminando de manera natural. La política de «esperemos y veamos» también podría denominarse «apaga y vámonos».

***

El cambio climático exige una forma completamente nueva de pensar, cosa aparentemente tan ajena a los alumnos de posgrado del MIT como a los responsables políticos y la opinión pública. Quizá se deba a que pensamos que tomar medidas para hacer frente al cambio climático será tan sencillo como comprender la analogía de la bañera y actuar en consecuencia —por aparentemente difícil que sea—. Sin embargo, esta analogía sólo pone de relieve dos de los Cuatro Grandes Factores: el carácter a largo plazo del cambio climático y su irreversibilidad. Aún no prevé nada de lo relativo a los otros dos: hasta qué punto realmente es global e incierto el cambio climático. La naturaleza global del calentamiento global poco menos que garantiza que cerrar deliberadamente el grifo es algo increíblemente difícil de hacer. La gran cantidad de incógnitas que se barajan tampoco ayuda precisamente, pese a que debería alentar iniciativas más enérgicas ahora mismo. Si uno no sabe exactamente cuánto le queda a la bañera para desbordarse, cerrar el grifo cuanto antes es cuestión de simple prudencia.

Podemos hacerlo

A partir de ahí cabe adoptar muchas perspectivas.

Se puede intentar ser optimista. Sí, la situación es nefasta, pero tengamos en cuenta lo mucho que se ha avanzado. En sólo cinco años el precio de los paneles solares se ha reducido en un 80%. En buena medida, eso se ha logrado a costa de las familias alemanas y chinas, cuyos gobiernos recurrieron a subvenciones directas para reducir su coste; quizá la mejor forma de corresponder sería repasar nuestros conocimientos de alemán y chino para redactar las notas de agradecimiento que les debemos. Ellos encajaron el golpe principal para que los demás pudiéramos disfrutar de energía solar más barata.

La energía solar no es el sustituto perfecto de los combustibles fósiles, al menos no sin una mejora significativa en las estructuras de los mercados de la electricidad y las tecnologías de almacenamiento. Una planta de carbón o de gas se puede encender y apagar, pero no podemos controlar cuándo va a hacer sol y cuándo no. Con todo, en una soleada tarde de domingo, cuando sale el sol y la demanda es reducida, Alemania obtiene el 50% de su energía del sol. A lo largo de todo el año 2013, Alemania obtuvo casi el 5% de su electricidad del sol. Y no se suele considerar habitualmente a Alemania, la gran potencia industrial europea, como un país particularmente soleado.

Las cosas también parecen estar mejorando desde el punto de vista global. En 2013, el mundo aumentó su capacidad solar total en casi 40 gigavatios, que se suman así a los

30 gigavatios de aumento en 2012, que sucedían a su vez a los 30 gigavatios añadidos en 2011. Las cifras absolutas son considerables, pero el ritmo de la transformación es aún más significativo. En el año 2000, la capacidad solar total instalada en el mundo era de un solo gigavatio. A finales de 2010, era de 40 gigavatios. A finales de 2013, el cómputo era de 140 gigavatios. Eso representa un crecimiento a toda máquina.

Los imprescindibles cambios de política siguen produciéndose en este mismo instante. Ninguno de ellos es suficiente por sí solo, pero juntos constituyen una impresionante batería de marcos normativos. El mercado de carbono europeo está operativo y funcionando a pleno rendimiento desde 2008. A estas alturas, California posee el mercado de carbono más exhaustivo del mundo, que cubre un 80% de sus emisiones de gas de efecto invernadero. En Columbia Británica existe un impuesto sobre el carbono. China está experimentando con siete proyectos piloto de mercados de carbono regionales, y se habla vagamente de establecer un impuesto sobre el carbono. En la India existe un impuesto de un dólar por tonelada de carbón. No es mucho, pero ahí está, y es un dato positivo. Brasil tiene unos ambiciosos objetivos climáticos nacionales y ha reducido drásticamente las emisiones de carbono generadas por la deforestación. Y ya que estamos siendo optimistas, a una holgada mayoría del electorado estadounidense le gustaría, al menos en principio, que los responsables políticos electos actuasen. Si se produjera un puñado de tormentas del siglo como las dos que golpearon a la ciudad de Nueva York en el transcurso de los años 2011 y 2012, bien podríamos ver cambios reales.

De hecho, el camino hacia una política climática estadounidense sensata va despejándose cada vez más. Para empezar, es probable que pase por capitales estatales como Sacramento. También pasará por la Ley de Aire Limpio y los requisitos de la Agencia de Protección Medioambiental para las centrales eléctricas nuevas y las ya existentes. Como mínimo, estas normativas podrían representar una auténtica moneda de cambio a la hora de lograr que el Congreso de Estados Unidos considere la puesta en práctica de una política climática exhaustiva y un precio directo para el carbono más adelante.

***

El optimismo es bueno. Como disciplina, la ciencia económica es casi patológicamente optimista, aunque a menudo se considere que se trata de otra clase de optimismo. El crecimiento es bueno. El comercio es bueno. La tecnología es buena. Cabe matizar todas estas afirmaciones, pero sólo se trata de eso, matices. Son pocos los economistas que creen que en los paneles solares está la salvación, pero las nuevas tecnologías nos han sacado —de manera bastante literal— de hondos atolladeros medioambientales en el pasado. A finales del siglo XIX las nuevas tecnologías solucionaron la crisis del estiércol de caballo, que amenazaba con abrumar a la ciudad de Nueva York. El motor de combustión interna convirtió los carruajes tirados por caballos en una atracción para los turistas que desean pasear por Central Park. Nadie había previsto ese invento particular. Y no es que exigiera mucho en materia de intervención política activa: inventar automóvil + encontrar petróleo = *¡Eureka!*

Bien podría estar a punto de producirse uno de tales descubrimientos. La historia de la humanidad así parece indicarlo. Es el motivo por el que aún seguimos aquí como especie. Ahora bien, esperar que se produzca un descubrimiento no es una estrategia. Por eso acabamos volviendo siempre a la indiscutible importancia de la política. Eso también ha dado resultado en el pasado.

En el caso de muchos contaminantes, en un primer momento las cosas empeoraron (y, en muchos casos, siguen haciéndolo) antes de que mejorasen. Cuando el río Cuyahoga de Cleveland se inflamó, también lo hizo el incipiente movimiento ecologista estadounidense de la década de 1960. Eso, a su vez, condujo a Richard Nixon a rubricar y aprobar la

Ley Nacional de Política Medioambiental de 1969 y a crear la Agencia de Protección Medioambiental. Y eso sólo fue el comienzo. Además, Nixon rubricó la Ley de Aire Limpio de 1970, la Ley de Agua Limpia de 1972 y la Ley de Especies en Peligro de Extinción de 1973, por mencionar sólo las más importantes. Otra docena de leyes más ayudaron a completar la «década medioambiental». Desde entonces, el Congreso estadounidense ha actuado intrépidamente en dos ocasiones, con grandes mayorías bipartitas. George H. W. Bush rubricó las Enmiendas a la Ley del Aire Limpio de 1990 que, entre otras cosas, dieron lugar a medidas que limitaron la contaminación causada por la lluvia ácida.

Todo esto en lo tocante a los contaminantes locales: el mercurio que reduce en varios puntos el cociente intelectual de nuestros hijos, el hollín que les provoca asma precoz, la niebla tóxica que hace que les lloren los ojos y mata precozmente a sus abuelos, y las toxinas que hay en el agua y que vuelven peligroso su consumo. El problema se ve, se huele o se siente. Se presenta una petición al gobierno. Éste reacciona. Problema resuelto.

En realidad las cosas son, por supuesto, mucho más caóticas de lo que insinúa esta sencilla cadena. Nicolás Maquiavelo lo expresó sucintamente en *El príncipe* en 1532: «No hay nada más difícil de emprender, ni más dudoso de hacer triunfar, ni más peligroso de manejar, que el introducir nuevas leyes. Se explica: el innovador se transforma en enemigo de todos los que se beneficiaban con las leyes antiguas, y no se granjea sino la amistad tibia de los que se beneficiarán con las nuevas».

Londres vivió su primer gran enfrentamiento con la contaminación del aire durante la década de 1280. El rey Edward I estableció la primera comisión sobre la contaminación del aire en 1285. En 1306 declaró ilegal la quema de carbón. El castigo para los reincidentes era la muerte. Cabría pensar que con reforzar la vigilancia y el empeño en hacer cumplir la ley debería haber bastado. ¡Ay! La ley no tardó en ser anulada, y se ha seguido quemando carbón desde entonces.

Pasemos por alto todas las complicaciones. Supongamos que ocuparse de los contaminantes convencionales fuera tan sencillo como «verlo y decirlo» antes de contemplar cómo el imperio de la ley hace descender su martillo. El cambio climático no se parece en nada a la contaminación del aire a escala local. Al fin y al cabo, es un fenómeno más global, más a largo plazo y más irreversible e incierto que cualquier otro problema medioambiental. La política convencional no es aplicable al caso. Para empezar, ni siquiera estamos todos de acuerdo acerca de la naturaleza del problema. El reverendo Martin Luther King tuvo su sueño en un momento en que la pesadilla estaba clara para prácticamente todo el mundo. No parece que hayamos llegado del todo a ese punto en el frente climático, al menos en Estados Unidos.

No, no se puede

Todo cuanto sabemos acerca de la química y la física elemental de la atmósfera, y todo cuanto sabemos acerca de la economía del comportamiento de la gente y la política caótica de nuestras formas de gobierno, nos lleva a pensar que las cosas tendrán que empeorar antes de que puedan mejorar. Que llenar de dióxido de carbono la atmósfera atrapa el calor —el efecto invernadero— es algo que se descubrió en 1824, se demostró en un laboratorio en 1859 y en 1896 ya se había cuantificado.

A estas alturas, los seres humanos hemos acumulado más de 940.000 millones de toneladas de dióxido de carbono en la atmósfera, y suma y sigue; más que suficiente para que las concentraciones atmosféricas de dióxido de carbono hayan superado la marca de las 400 ppm. Las concentraciones siguen aumentando a un ritmo de 2 ppm al año, y el propio incremento anual sigue creciendo.

Luego está el mayor problema de todos que, una vez más, resulta ser excepcional: esa marcha continuada en la dirección equivocada es obra de 7.000 millones de seres humanos, o al menos de los aproximadamente 1.000 millones que viven en los países que tienen una mayor responsabilidad. La responsabilidad es de todo el mundo y de nadie. No hay dedo con el que señalar. El enemigo somos todos, hasta el último hombre, mujer y niño. La política es caótica. A menudo resulta difícil ser optimista.

Por cada noticia climática positiva suele haber otra negativa que la contrarresta. Sí, en la India hay un impuesto de un dólar por tonelada de carbón. La India también asigna unos 45.000 millones de dólares anuales a subvenciones para los combustibles fósiles. Puede que en China haya siete proyectos piloto regionales de comercio de derechos de emisión, pero simultáneamente el Estado chino concede subvenciones para los combustibles fósiles por valor de 20.000 millones de dólares anuales. El mundo destina más de 500.000 millones de dólares al año a subvencionar los combustibles fósiles. Eso equivale a una subvención promedio anual mundial de unos 15 dólares por tonelada de emisiones de dióxido de carbono, siendo más bajas las subvenciones en las economías más desarrolladas y mucho más elevadas en países ricos en petróleo como Venezuela, Arabia Saudí y Nigeria. Cada uno de esos dólares representa un paso atrás para el clima. No sólo estamos lejos de contar con los incentivos correctos, sino que se diría que estamos orientando a los mercados exactamente en la dirección equivocada.

***

Otro motivo para que no siempre sigamos la ruta del optimismo es que, desde la perspectiva económica, ésta está bastante trillada. Hace mucho tiempo que sabemos lo que hay que hacer. En primer lugar, dejar de subvencionar los combustibles fósiles. Ya. Será difícil lograr que esa política tenga éxito. Y si no, que se lo pregunten al presidente de Nigeria, Goodluck Jonathan, que puso fin a las subvenciones a los combustibles en enero de 2013 y enseguida tuvo que dar marcha atrás, al menos parcialmente, después de que se produjeran disturbios en todo el país. Con todo, eso no quiere decir que desde el punto de vista económico, esa receta política sea menos correcta.

Lejos de limitarse a dejar de subvencionar los combustibles fósiles, el marco político necesario para afrontar el cambio climático está claro, y desde hace décadas .

La solución al cambio climático

A nadie le van a dar el Premio Nobel de Economía por encontrar la solución al cambio climático. El economista que la descubrió murió una década antes de que se entregara el primero de esos premios, y los suecos ya no los conceden póstumamente. Arthur C. Pigou identificó el problema general y su solución, que en la actualidad se conoce con el nombre de «impuestos pigouvianos». Cada una de los 35.000 millones de toneladas de dióxido de carbono emitidas este año causa daños al planeta por valor de al menos 40 dólares, posiblemente muchos más. La forma correcta —la única correcta— de abordar el problema sería poner precio a todas y cada una de las toneladas de carbono en función del daño que causa.

El estadounidense medio emite alrededor de 20 toneladas al año. A razón de 40 dólares cada una, eso serían unos 800 dólares por persona y año. Ahora bien, nadie está insinuando que cada norteamericano entregue un cheque de 800 dólares al final del año. Es más, de lo que se trata precisamente es de evitarlo. Todos y cada uno de nosotros tendríamos que enfrentarnos a los incentivos apropiados cada vez que pusiéramos la calefacción o el aire acondicionado o llenásemos el depósito de gasolina. 40 dólares por tonelada de dióxido de carbono vendrían a ser unos 35 centavos por cada 3,75 litros de gasolina. El descubrimiento crucial de Pigou fue que deberíamos ver y pagar esos costes en ese mismo momento, cuando estemos delante del surtidor. Esa es la única forma de generar los incentivos apropiados y conducirnos a incorporar el coste total a nuestras decisiones cotidianas, dejando así de privatizar beneficios a la vez que socializamos costes.

Establecer un precio así para el dióxido de carbono daría como resultado que utilizáramos menos carbón, petróleo y gas natural. Contaminaríamos menos. Más concretamente, con el precio apropiado estaríamos contaminando en la medida *óptima*, que no es necesariamente igual a cero. Sin duda sería mucho menos de lo que contaminamos ahora, cuando cada día y medio que pasa arrojamos a la atmósfera el peso de cada estadounidense medio en contaminación.

Esa es, en resumidas cuentas, la solución política: poner al consumo de carbono un precio aproximado que refleje su verdadero coste social.

Se puede conseguir mediante un impuesto o creando un mercado específico para las emisiones de dióxido de carbono: limitar las emisiones totales, distribuir asignaciones entre los principales emisores y permitir que comercien con esas asignaciones para establecer un precio de mercado para la contaminación: «sistema de tope y comercio (*cap-and-trade*)». En un mundo teórico desprovisto de incógnitas, ambos enfoques producen exactamente el mismo resultado. A los economistas les encanta celebrar debates épicos acerca de cuál es el mejor enfoque en la práctica.

Los impuestos son más sencillos, de acuerdo con determinado argumento. No, no lo son. Si no lo creen, echen un vistazo a las miles de páginas que tiene el código fiscal norteamericano.

Los impuestos hacen subir el precio por contaminar. Eso es lo que necesitamos. Sí, por ahora. Pero establecer topes y comerciar limita las emisiones. De eso es de lo que se trata en última instancia. Si las emisiones se reducen de una forma barata, tanto mejor.

Los impuestos generan precios seguros. Quizá, siempre y cuando no haya manipulaciones políticas de por medio. Pero de entrada, cualquier sistema de topes y comercio podría ser diseñado con el fin de proporcionar unos precios seguros. Sería tan sencillo como establecer un precio mínimo e impedir que los precios subieran más allá de cierto nivel. Y lo que es más importante, incluso faltando estos ingredientes, los precios del sistema de tope y comercio tienden a variar de la forma apropiada: los precios tienden a bajar durante las recesiones, cuando la demanda de derechos de emisión es baja, y tienden a aumentar cuando las inversiones empresariales son importantes, asegurando al mismo tiempo en todo momento que las emisiones totales disminuyan siguiendo los topes.

Sin embargo, si los precios del sistema de tope y comercio se dispararan o se derrumbaran por completo, todo el sistema quedaría desacreditado. Los picos del precio de la electricidad llevan generaciones haciendo descarrilar la desregulación del mercado. Por supuesto, pero en este caso no estamos hablando de picos en los precios. En todo caso, cabría esperar unos precios muy inferiores a los previstos, porque la industria tiende a generar innovación de cara a obtener unos costes «de cumplimiento» más bajos de lo que se había supuesto en un principio.

Los impuestos permiten probar la eficacia de otras medidas, como los requisitos del Ahorro de Combustible Empresarial Promedio (CAFE). Bajo un tope, esta clase de normativas podría limitarse a trasladar las emisiones de sitio sin reducirlas realmente. De acuerdo. Pero eso sólo demuestra lo importante que es establecer un tope desde el principio. De haberlo, harían falta muy pocas medidas de otro tipo.

Este es el punto en el que se encuentra el debate por el momento, aunque el último capítulo todavía esté por escribir. Los últimos descubrimientos teóricos apuntan a que los impuestos podrían facilitar una mayor coordinación internacional. Al menos en teoría, negociar una tasa impositiva uniforme que permitiera a cada país retener los ingresos obtenidos mediante ella daría lugar a una forma sutil de compensar el problema del *efecto polizón.* Si todos nos pusiéramos de acuerdo en establecer una tasa impositiva uniforme por unidad de dióxido de carbono, entonces aumentar el impuesto me perjudicaría directamente al aumentar mi coste de emplear fuentes de energía que emiten carbono, pero me beneficiaría al hacer que todos los demás también redujeran sus emisiones de dióxido de carbono. Por el contrario, limitarse exclusivamente a negociar topes incentiva claramente el deseo de obtener unos topes más laxos. Negociar un impuesto uniforme y global podría lograr algo muy cercano al resultado global óptimo. Eso, claro está, no nos dice nada todavía acerca de las medidas políticas que se deberían adoptar, lo que sigue siendo, una vez más, el mayor de todos los obstáculos.

***

Por ahora, limitémonos a recordar que, tanto en la teoría como en la práctica, los impuestos y los sistemas de topes y comercio servirían, tal como proponía Pigou, para que quienes contaminen pagasen en el momento en que estuvieran contaminando y, por consiguiente, contaminasen menos. A nosotros, igual que a la mayoría de los economistas, nos parecería perfecto tanto un impuesto sobre el carbono como unos topes correctamente diseñados.

Ahora bien, podemos discutir hasta el fin de los tiempos acerca de cómo conseguirlo. ¿Cómo lograron los suecos aprobar el primer impuesto del mundo sobre el dióxido de carbono en 1991? ¿Por qué los franceses fueron incapaces de aprobar uno en 2009? ¿Por qué Europa tuvo el primer gran sistema de topes y comercio de carbono del mundo? ¿Qué es lo que hace que Estados Unidos se lo piense tanto? ¿Y por qué seguimos subvencionando globalmente los combustibles fósiles a un ritmo de 15 dólares por tonelada de dióxido de carbono, cuando para invertir el rumbo la cifra correcta tendría que ser de al menos 40 por tonelada pero en dirección contraria?

Son muchas las disciplinas académicas que tienen algo útil que decir sobre cada una de estas cuestiones. Tanto los politólogos como los psicólogos, los sociólogos y los comunicadores de la climatología tienen sus respectivas variaciones sobre la pregunta decisiva: si hace tanto tiempo que la ciencia nos viene contando lo grave que es este problema, ¿por qué el mundo no ha actuado en consecuencia?

Para empezar, es increíblemente difícil imponerse a los inmensos intereses creados que luchan contra la visión de Pigou y de prácticamente todos los economistas acerca de lo que sería un mundo ideal. El simple hecho de proclamarla no conduce a su puesta en práctica. En lugar de gritar «impuesto sobre el carbono» o «tope sobre el carbono», los economistas deberían de trabajar constructivamente con lo que tenemos: con soluciones que no son las ideales pero que poseen un cierto parecido con ellas, aunque sea un parentesco de segundo, tercer y cuarto orden (e incluso más); soluciones que generan toda clase de ineficiencias, consecuencias inesperadas y otros problemas, pero que se adaptan a los duros vaivenes de un universo político de lo más imperfecto, y que incluso podrían llegar a eliminar algunas de las barreras políticas imperfectas existentes.

La reforma del sistema eléctrico es un buen ejemplo. Lejos de enviar el mensaje más apropiado a los hogares y a las empresas, los precios de la electricidad se promedian, se subvencionan y se estabilizan artificialmente por toda clase de razones, diseminando así señales de precios distorsionadas por toda la red. Establecer un precio sobre el carbono sería estupendo, pero la reforma de la red eléctrica es un paso fundamental hacia la creación de un buen equilibrio entre eficiencia energética, adecuación a la demanda y uso de energías renovables. En el caso de Estados Unidos, también es una batalla que puede y debe librarse por entero fuera del Congreso. A menudo los estados disponen de competencias para fijar políticas en la materia. Eso no quiere decir que el debate político vaya a ser más ponderado —y menos a la vista de lo mucho que hay en juego para las empresas tradicionales, en gran medida dependientes de combustibles fósiles—, pero sí significa que los economistas deberían implicarse mucho más allá de repetir el consabido discurso pigouviano acerca de los precios correctos para el carbono.

Dentro del debate de las mejores políticas que se pueden seguir podría abordarse también el tema del precio que se paga por la gasolina en el surtidor. Prácticamente para todos los economistas la solución ideal para compensar los precios demasiado bajos que se pagan por la contaminación producida por la conducción consiste en aumentar el precio de la gasolina en el surtidor. Ahora bien, en lugar de aumentar el impuesto federal sobre la gasolina en Estados Unidos de los 18,4 centavos de dólar por galón (3,75 litros) —el nivel en el que lleva desde 1993— a un precio algo más próximo al nivel óptimo, el instrumento favorito de regulación ha consistido en exigir unos máximos de contaminación para coches y camiones más estrictos. Probablemente, tomada individualmente, la medida del primer mandato del presidente Obama que tuvo mayor impacto medioambiental fue la bajada de estos máximos. Hay opiniones encontradas acerca de los beneficios de estas políticas. Lo que está claro es que es posible hacer que los máximos de contaminación sean más exigentes, pese a que teóricamente la mejor solución de todas sería subir el impuesto sobre la gasolina. Una vez más, a los economistas les convendría implicarse en los debates sobre cuáles son los límites apropiados e ir más allá de chillar «impuesto sobre la gasolina» cada vez que tienen ocasión.

Nosotros no vamos a hacer ni una cosa ni la otra. No vamos a repetir los mantras sobre el «impuesto sobre la gasolina», el «impuesto sobre el carbono» o el «tope sobre el carbono» cada vez que se presente la ocasión. Tampoco vamos a meternos a opinar en el caótico berenjenal de la reforma del sistema eléctrico, los máximos de contaminación u otras medidas, que son muy necesarias y que también requieren mucha reflexión económica sensata.

Más difícil que nada que lo haya precedido

En lugar de eso, volveremos a los principios elementales de economía y nos centraremos en dos cuestiones que nos van a llevar mucho más allá de los debates al uso. En particular, vamos a concentrarnos en la economía de la incertidumbre y la geoingeniería, dos temas muy incómodos, de gran trascendencia política y fundamentales para entender por qué el cambio climático es algo que nos atañe a todos. También nos permitirán entender con claridad por qué tenemos que actuar sin dilación.

El cambio climático contiene algunas incertidumbres importantes, que en ocasiones rozan el puro desconocimiento. ¿Por qué los modelos climáticos no pronostican un aumento de hasta veinte metros del nivel del mar y camellos en Canadá como consecuencia de que las concentraciones de dióxido de carbono lleguen a los mismos niveles que hace tres millones de años, cuando entonces en el mundo se daban ambas cosas? En resumidas cuentas: porque no lo sabemos. Ahora bien, la incertidumbre no puede servir de excusa para la pasividad. Es un toque de rebato para que afrontemos el problema del clima mientras aún podamos hacerlo.

Se trata de un problema infernalmente complicado de resolver, y si el mundo no lo soluciona, nos golpeará de lleno de maneras desagradables e inesperadas. En este caso ya podemos imaginar dónde acabaremos: ante el espectro de la geoingeniería. Todo lo que sabemos acerca de la forma en que se comportan (o no) los seres humanos, nos lleva a pensar que —a menos que los líderes políticos se armen de valor y actúen de forma decisiva y pronto— el planeta se enfrentará a algunas opciones muy dolorosas. Puede que sea una locura pensar que la tecnología (en la forma de la geoingeniería) puede rescatarnos una vez más, a nosotros y al planeta, de uno de los peores estados de urgencia planetarios. Ahora bien, ese es el mundo hacia el que nos dirigimos.

Hablar de la geoingeniería, igual que de la incertidumbre, no resulta muy reconfortante. Y con razón. Desde luego, no es una excusa para la pasividad en materia de política climática, del mismo modo que tampoco deberíamos empezar a fumar porque una droga experimental para el tratamiento del cáncer de pulmón haya dado resultados prometedores en un laboratorio. El espectro de la geoingeniería debería ser un toque de rebato para pasar a la acción de manera decisiva y pronta.

Volveremos sobre la economía de la incertidumbre —las colas gruesas de las distribuciones— y la geoingeniería a su debido tiempo. Antes repasaremos rápidamente los conceptos económicos básicos y el estado general del debate para orientar nuestro viaje hacia lo desconocido, lo incognoscible, y en ocasiones, hacia lo pura y simplemente escalofriante.

Capítulo 2
Información

Bañera

1. Tinaja contenedora de agua, que típicamente suele contener también un grifo y un desagüe.
2. Analogía corriente en la que el agua se compara con el dióxido de carbono y otros gases de efecto invernadero que intenta comparar uno de los problemas más complejos de la ciencia a un ritual de higiene cotidiano. Con todo, los climatólogos —y los demás— harían bien en acordarse a diario de su relevancia. La política climática consiste en reducir los niveles de la bañera.

Cuando la bañera es tan grande como la atmósfera global, y cuando nadie controla ni las entradas ni las salidas, reducir el nivel resulta extremadamente difícil. Las entradas que tienen causas humanas vienen determinadas por los actos de 7.000 millones de personas, y las salidas en gran medida por los actos de la naturaleza. Incluso en este segundo caso, por supuesto, los seres humanos ejercen una influencia: la deforestación, por ejemplo, atasca el desagüe, mientras que plantar árboles lo desatasca.

Existen fluctuaciones estacionales naturales: en el hemisferio norte, una mayor extensión de superficie terrestre y, por tanto, más vegetación, implican que los niveles de dióxido de carbono disminuyen durante la temporada de bonanza y vuelven a aumentar de nuevo a finales del otoño y durante el invierno, cuando se descomponen cantidades importantes de vegetación. De no ser por la injerencia humana, las entradas y las salidas estarían más o menos equilibradas a lo largo de un año. Pero desde la revolución industrial eso ha dejado de ocurrir.

La variación estacional natural en los niveles de dióxido de carbono es de aproximadamente 5 partes por millón (ppm) en cualquier año dado. El actual ritmo de incremento es de más de 2 ppm al año. Tres años de emisiones de combustibles fósiles superan las variaciones estacionales globales, y ese aumento anual de 2 ppm sigue yendo a más. Ese solo hecho es lo que hace que la analogía de la bañera sea tan importante.

Recordemos el experimento realizado con los alumnos del MIT que contamos en el capítulo 1: no basta con estabilizar las emisiones y evitar los incrementos anuales del dióxido de carbono que arrojamos a la atmósfera. Para empezar a reducir las concentraciones, tenemos que reducir las emisiones prácticamente a cero. De ahí que incluyamos la palabra *shock* en el título de este libro, *Shock climático*. Si resulta sobradamente difícil cambiar la situación en materia de emisiones de dióxido de carbono en la atmósfera, todavía lo es mucho más reducir los excedentes de dióxido de carbono que ya contiene.

La Agencia Internacional de la Energía (AIE) calcula que, sin una corrección sustancial del rumbo, actualmente el mundo va camino de aumentar las concentraciones totales de gases de efecto invernadero hasta llegar aproximadamente a 700 ppm en 2100, y los niveles no van a hacer más que seguir aumentando.

La AIE denomina a esta tendencia el «Escenario de Nuevas Políticas», donde se toman al pie de la letra las diversas promesas realizadas por los gobiernos de reducir las emisiones y se da por supuesto «el apoyo continuado a favor de las energías renovables y del aumento de la eficiencia, de la difusión de la práctica de poner precios al carbono y de una retirada parcial de las subvenciones a los combustibles fósiles». Para que sirva de contraste, el planeta acaba de superar las 400 ppm para el dióxido de carbono, y se encontraría en algún punto entre las 440 y las 480 ppm si se tuvieran en cuenta todos los gases de efecto invernadero medidos bajo el Protocolo de Kioto. A menos que se produzca un vuelco espectacular en materia de emisiones globales, la bañera seguirá llenándose durante bastante tiempo.

Siempre queda la esperanza de que pueda hacerse un apaño tecnológico que cierre mágicamente el grifo o desatasque el desagüe. Se trata de algo cuando menos improbable. A menudo se saca a relucir la geoingeniería como ese esperado apaño tecnológico que podría conducirnos en esa dirección: reducir un poco la intensidad del sol para enfriar el planeta. En realidad se trata de todo lo contrario. Trata el síntoma —las temperaturas más elevadas resultantes— sin abordar la causa fundamental. No afectaría ni al grifo ni al desagüe y no supondría diferencia alguna en el nivel real del agua, y tratar de solucionar un problema de contaminación introduciendo más contaminación en la estratosfera podría tener enormes consecuencias imprevistas.

Otro apaño tecnológico que bien podría contribuir a abrir el desagüe en buena medida sería extraer directamente carbono de la atmósfera. Se presenta bajo distintas denominaciones: «captura de aire», «captura directa de carbono» o «captura de dióxido de carbono». De manera confusa, también hay quien la llama «geoingeniería», lo que es un nombre realmente muy poco apropiado. Tiene todas las características de dirigirse a la raíz del problema en lugar de ser un apaño tecnológico para tratar los síntomas. Eso es positivo, aunque también significa que es lento y —al menos hasta ahora— prohibitivo. Algunas empresas están empezando a presentar patentes para aprovecharse de un mundo que pone precio al carbono y genera incentivos para tales tecnologías. Ahora bien, precio al carbono hay que ponerle en cualquier caso. De lo contrario, no conseguiremos nada. Quemar carbono + capturar carbono es, por definición, más caro que limitarse sólo a quemar carbono.

Descubrimientos

Son el motivo por el que los seres humanos salieron de las cuevas, domesticaron los animales, inventaron la rueda, construyeron ciudades, se pusieron detrás de un volante y acabaron sentados cómodamente mientras surcaban los aires y atravesaban los océanos mientras veían largometrajes en sus artilugios informáticos. Vivimos más tiempo que nunca, más confortablemente que nunca, todo ello gracias a los frutos de la inventiva humana. Y en esta ocasión los descubrimientos nos salvarán de nuevo.

Quizá. O quizá no. Hoy en día el ritmo de la innovación es tan veloz y tan carente de precedentes en la historia de la humanidad que resulta difícil tomar el pasado como referencia.

Algunos problemas de contaminación desaparecen porque la única empresa que tiene las patentes para los contaminantes en cuestión inventa un sustituto respetuoso con el medio ambiente, y aun en ese caso requiere de una acción gubernamental concertada (véase «Protocolo, Montreal»). Por lo visto, algunos problemas de contaminación nunca desaparecen (véase «Protocolo, Kioto»). Ahora bien, quedarnos sentados esperando a que se produzca un descubrimiento equivale a esperar que suceda lo mejor. Sin embargo, tenemos que prepararnos para lo peor. Es más, podemos hacer algo mucho mejor que rezar por nuestra salvación. Tanto el problema como la solución están delante de nuestras narices.

Dióxido de carbono

El problema. El principal de ellos, al menos.

Otros gases de efecto invernadero, como el metano, y potentes gases industriales como los hidrofluorocarbonos (HFC) así como el carbono negro, tienen una influencia significativa en escalas temporales mucho más cortas: años, o quizá una o dos décadas. El *nivel* de calentamiento eventual del planeta, sin embargo, está muy estrechamente ligado al dióxido de carbono.

Técnicamente, el efecto total del vapor de agua es aún mayor. Ahora bien, eso no viene al caso. La cadena química conduce del dióxido de carbono a temperaturas más elevadas y de ahí a una mayor cantidad de vapor de agua. A la larga, éste sigue dependiendo del dióxido de carbono.

Precio del carbono

La solución. La principal de ellas, al menos.

Existen muchas otras, aunque la mayoría de ellas intenta estimar de un modo u otro un precio por la contaminación que generan los gases de efecto invernadero. Algunas de ellas logran hacerlo de manera relativamente directa y económica. Otras son más caras, aunque también más opacas y, por consiguiente, a veces más fáciles de aceptar políticamente. Ninguna de estas soluciones, sin embargo, suele ser tan eficaz como la reorientación directa de las fuerzas económicas fundamentales mediante el establecimiento de topes o la imposición de tasas sobre el carbono desde el primer momento.

Aquí hay otra posibilidad interesante que se suele perder de vista: subvencionar las tecnologías bajas en carbono.

Cambio tecnológico dirigido

Colocar el primer panel solar encima de un tejado requiere tiempo y dinero. Colocar el millonésimo es rápido y barato. El truco consiste en superar el primer obstáculo. La mejor política es subvencionar la innovación o, más concretamente, «aprender de la experiencia».

Precisamente, la *Solar Initiative* de California es un buen ejemplo de esa política: al principio subvenciona la instalación de paneles y luego retira estas ayudas casi inmediatamente. Estudios independientes indican que ha alcanzado su objetivo.

No todas las subvenciones son buenas. Suelen ser objeto de abuso. Una vez introducidas, tienden a subsistir más allá de su vida útil. Las subvenciones globales por valor de 500.000 millones de dólares a los combustibles fósiles son un ejemplo ilustrativo. Es muy posible que en algún momento, mucho antes de que el mundo se despertara y descubriera el problema climático, tuvieran razón de ser. Los mismos imperativos a los que en la actualidad se enfrentan las tecnologías limpias, tuvieron que afectar en otros tiempos al petróleo, el carbón y el gas: grandes beneficios potenciales que se enfrentaban a unos obstáculos aparentemente insalvables. Intereses creados, pongamos por caso los de los *lobbies* del caballo y el carruaje o el de la grasa de ballena, hacen todo lo que pueden por socavar una nueva industria que empieza a afianzarse. Más pronto o más tarde, sin embargo, la tortilla se da la vuelta. El interés de los mercados y de los gobiernos empiezan a favorecer la nueva industria. Ese es más o menos el momento en que deberían terminarse los subsidios. Ya no se trata de proteger a industrias que están dando sus primeros pasos. En todo caso, la tarea consiste ahora en deshacer monopolios demasiado grandes, como sucedió hace un siglo en el caso de Standard Oil.

Pese a todo ello, los positivos efectos derivados del aprendizaje a través de la experiencia son un fenómeno tan real como los negativos efectos derivados del carbono. La solución para corregir los efectos derivados del carbono está clara (véase «Precio del carbono»). El remedio para mejorar los efectos secundarios de aprender con la práctica son las subvenciones. El proceso conjunto suele denominarse «cambio tecnológico dirigido».

Climatología

3. Año en el que se descubrió el efecto invernadero: 1824.
4. Año en el que se demostró el efecto invernadero en un laboratorio: 1859.
5. Año en el que se cuantificó el efecto invernadero: 1896.
6. Año en el que se estableció la imprescindible métrica de la «sensibilidad climática»: 1979.

Sensibilidad climática

Si se duplican las concentraciones de dióxido de carbono en la atmósfera, las temperaturas promedio globales también aumentan. El nivel de aumento se denomina «sensibilidad climática». El problema es que no sabemos cuál es la cifra exacta.

Pese a abundantes avances en la climatología, la métrica de la sensibilidad climática lleva prácticamente desde siempre entre 1,5 y 4,5 °C, al menos desde 1979. La confianza en ese intervalo ha aumentado, y un breve interludio que tuvo lugar entre 2007 y 2013 incluso la redujo a entre 2 y 4,5 °C. Las bajas temperaturas parecieron estar ausentes durante algún tiempo. Malas noticias, se mirase como se mirase. Volver a incluirlas, sin embargo, no constituye precisamente una buena noticia. Sólo significa que desconocemos aún mucho más de lo que imaginábamos sobre el cambio climático. Quizá nunca se despeje por completo el valor exacto de la sensibilidad climática, o más bien, sólo lleguemos a conocer la cifra exacta —dentro de cientos de años— cuando sea demasiado tarde.

Para contribuir a la sensación de inseguridad, al hablar de que las temperaturas aumentarán entre 1,5 y 4,5 °C no estamos refiriéndonos más que a la consecuencia «probable» de doblar las concentraciones de dióxido de carbono. Cabe esperar que la cifra final esté situada en algún punto dentro de ese intervalo, pero eso está lejos de ser algo seguro. Siendo más precisos, «probable» quiere decir aquí que la probabilidad de que la temperatura se sitúe dentro de ese intervalo es de al menos un 66%. Esto implica que existe una probabilidad superior al 34% de que las temperaturas se sitúen por debajo o por encima de esa franja, y eso deja mucho margen por encima. Ahí es donde nos asaltan las peores dudas. También es donde les pediremos que se detengan y aguarden. El siguiente capítulo, «Colas gruesas», profundiza en la materia.

DICE[1]

Dadas las enormes incógnitas inherentes a la tarea de realizar pronósticos climáticos, sería fácil concluir que sencillamente somos incapaces de hacer predicciones. Está claro que eso no nos vale. El modelo DICE (Dynamic Integrated Climate-Economy), de Bill Nordhaus, es el más notable de cuantos intentan explicar todo este asunto. Toma como punto de partida los compromisos entre el clima y la economía para calcular una trayectoria y un precio óptimos para las emisiones de dióxido de carbono.

Desde muchos puntos de vista, el modelo DICE y compañía son meras herramientas. Es cosa de otros establecer los supuestos que generen un precio óptimo para el carbono. Los supuestos favoritos del propio Nordhaus arrojan como resultado un precio de alrededor de 20 dólares por tonelada de dióxido de carbono emitida en la actualidad.

---

[1] Acrónimo de «Dinámica Integrada Clima-Economía» que en inglés significa dados. (*N. del t.*)

Quizá la mejor cifra actual se deba a un enorme esfuerzo de coordinación por parte del Gobierno estadounidense. En la actualidad, ese precio es de alrededor de 40 dólares por tonelada de dióxido de carbono emitida, y surge de promediar tres modelos, DICE entre ellos. Es un buen comienzo, pero sigue estando lejos de tener en cuenta los costes totales del calentamiento global.

Los modelos subyacentes hacen cuanto pueden por captar las «incógnitas conocidas» y aún en este ámbito se les escapan bastantes cosas. Y como tantas veces suele ser el caso, bien puede ser que sean las «incógnitas desconocidas» las que caractericen el desenlace final. En ese caso, esos 40 dólares sólo pueden ser considerados como un límite inferior del coste social del carbono. La mayor parte de lo que no se ha tenido en cuenta hará subir esa cifra todavía más.

Externalidades

La forma que un economista tiene de decir «problema»: es cuando los mercados —abandonados a sí mismos— fracasan. Las externalidades tienen dos modalidades: positivas y negativas.

El aprendizaje que resulta de la práctica es un buen ejemplo de externalidad positiva. Sin incentivos añadidos, los inventores no tienen en cuenta que sus invenciones contribuyen al bien común y, por tanto, inventan menos de lo que sería ideal. (Véase «Cambio tecnológico dirigido».)

El cambio climático es la madre de todas las externalidades negativas. Un total de 7.000 millones de seres humanos emiten decenas de miles de toneladas de dióxido de carbono a la atmósfera todos los años. Los costes son grandes —al menos 40 dólares por tonelada emitida—, pero quienes contaminan no pagan directamente por hacerlo. (Véanse todas las demás secciones de este libro, por no hablar de la que se refiere a «Iniciativas de gorra».)

Iniciativas de gorra

El dióxido de carbono es el problema. Ponerle un precio apropiado es la solución. A continuación tenemos la definición de la geoingeniería que da el *Oxford English Dictionary*, tan válida como cualquier otra: «Manipulación deliberada a gran escala de un proceso medioambiental que afecta al clima terrestre, en un intento de contrarrestar los efectos del calentamiento global». En esta línea se incluyen diversas tentativas de extraer dióxido de carbono de la atmósfera. Nosotros no lo entendemos así.

Cuando escuchen la palabra *geoingeniería*, piensen más bien en algo parecido a una erupción volcánica: el lanzamiento de dióxido de azufre (y, en el caso de los volcanes, de otras muchas porquerías) a la estratosfera para reflejar la luz solar y hacer bajar las temperaturas. La erupción del monte Tambora, en 1815, desembocó en el «año sin verano». Según determinados relatos, en 1816 provocó 200.000 muertes en toda Europa. De acuerdo con otros, obligó a Mary Shelley y a John William Polidori a pasar gran parte de sus vacaciones suizas de verano sin salir de casa, lo que desembocó tanto en *Frankenstein* como en *The Vampyre*. Para algunos, este último relato se metamorfoseó después en *Drácula*.

Las propuestas de geoingeniería reales tienen poco que ver con erupciones volcánicas violentas o con *Frankenstein* o *Drácula*. La mayoría de ellas se refiere a intentos controlados y a pequeña escala de contrarrestar los aumentos globales de las temperaturas inyectando vapor de ácido sulfúrico u otras minúsculas partículas sulfurosas a grandes altitudes. Este tipo de geoingeniería tiene una característica decisiva: es barata, o al menos los costes del *lanzamiento* no son elevados. Es posible que la geoingeniería presente problemas potenciales, pero los costes no son uno de ellos. Bienvenidos al padre de todas las externalidades negativas, también conocido como efecto *iniciativa de gorra*.

Geoingenierizar toscamente la temperatura del planeta sería tan barato que llevarlo a cabo estaría al alcance de una sola persona o, mejor dicho, de los esfuerzos concertados de un solo país. No costaría demasiado reclutar una pequeña flota de aviones que rociasen a grandes altitudes con azufre año tras año. Los volcanes lo hacen de manera natural. El Monte Pinatubo, que entró en erupción por última vez en 1991, hizo que las temperaturas globales descendieran en casi 0,5 °C el año siguiente. A menos que actuemos para controlar la contaminación producida por el calentamiento global desde el principio —y posiblemente aun cuando lo hiciéramos—, en un futuro próximo podríamos muy bien encontrarnos ante un planeta geoingenierizado.

Esta combinación de costes directos bajos y alto rendimiento convierte al efecto *iniciativa de gorra* en prácticamente lo contrario de lo que viene causando el problema desde el principio.

Polizones o viajar de gorra

Éste es el meollo del problema del calentamiento global. Es una política de «empobrecer al vecino» extrema, con la salvedad de que los vecinos somos los 7.000 millones de habitantes del planeta. ¿Para qué actuar si intervenir nos cuesta más de lo que nos beneficia individualmente? Puede que los beneficios totales de nuestras acciones superen los costes, pero esos beneficios los repartiríamos con 7.000 millones de personas más mientras que nosotros cargaríamos con todos los costes. La misma lógica rige para todos. Son pocos quienes actuarán en beneficio del interés común. El resto se comportarán como polizones, viajando de gorra a costa de los demás.

Los problemas tipo *polizón* se pueden resolver si las comunidades en las que se producen llegan a compromisos y otros acuerdos informales. Elinor Ostrom obtuvo el Premio

Nobel por ese descubrimiento. Los campesinos de los Alpes suizos llevan siglos llevando a sus vacas a pastos comunales sin sobreexplotar los recursos compartidos. La clave está en que estos campesinos no sólo compiten por unos derechos de pasto mal definidos; también se encuentran en el mercado, en la escuela y en la iglesia. Conocen a las personas afectadas por sus acciones. Algo parecido sucede con los acuíferos de las aldeas, las pesquerías gestionadas por las comunidades y muchos otros ejemplos que pueden generar el *problema del polizón* en una escala relativamente reducida y, en última instancia, manejable.

El calentamiento global es un problema de índole distinta. Por mucho que se esfuercen, cientos de miles —incluso millones— de ecologistas comprometidos en reducir al mínimo sus propias huellas de carbono no pueden obtener grandes resultados ellos solos. Los que están lo bastante comprometidos con la causa podrían intentar reducir sus emisiones personales a cero —algo que no es posible ni deseable en última instancia, vista la tecnología actual—, pero aun así seguirían estando lejos de lo que necesitamos. Las cifras no cuadran. Sólo empezarán a hacerlo cuando los ecologistas utilicen su poder político para orientar la brújula política en la dirección adecuada, hacia imponer un precio sobre el carbono.

Irreversible

Se trata de un concepto relativo. Muy pocas cosas son realmente irreversibles. Ahora bien, el cambio climático opera en unas escalas temporales tan grandes —décadas y siglos— que, para el caso, muchos de sus efectos podrían considerarse irreversibles. Los niveles elevados de dióxido de carbono se mantienen en la atmósfera durante siglos y milenios. Rebajarlos es extremadamente difícil. Piensen en la analogía de la bañera: unas cantidades de dióxido de carbono enormes en la atmósfera y un desagüe pequeño.

Todo eso intensifica otros fenómenos irreversibles, como el aumento del nivel del mar. Sí, los polos han estado desprovistos de hielo en otras épocas, y si llegaran a estarlo de nuevo pero las concentraciones de dióxido de carbono se redujeran a niveles preindustriales, seguramente volverían a congelarse. Ahora bien, eso tardaría siglos o milenios en suceder, un futuro demasiado remoto para quienes sufren las consecuencias ahora o bien van a sufrirlas en el transcurso de las próximas generaciones. Sólo el manto de hielo de Groenlandia o el de la Antártida occidental contienen agua suficiente como para hacer que el nivel del mar suba más de 10 metros. Eso afectaría directamente a más del 10% de la población global, y de manera indirecta a prácticamente todos los demás.

Ley de la demanda

El precio sube, la cantidad demandada se reduce. Si hay una ley en economía, esta es ella. Al parecer no existe más que una excepción a esa regla, y se ha descubierto que sólo cabe aplicarla a situaciones en las que uno es tan pobre que el miedo a morir de hambre determina lo que come. Los pobres de las zonas rurales del sur de China consumen mucho arroz. Como a casi todos los demás, les gusta consumir más carne a medida que se vuelven más ricos. Sin embargo, cuando sube el precio del arroz, algunos de ellos consumen menos carne y más arroz con verduras. En este caso, el arroz es lo que se conoce como un «bien Giffen», nombre que tiene su origen en sir Robert Giffen, quien constató un comportamiento semejante entre los pobres de la era victoriana. Por lo que a nosotros respecta, nada de esto tiene demasiada relevancia.

La cantidad demandada de casi todos los bienes desciende, en efecto, cuando aumenta su precio. Esa relación también es cierta en lo tocante a algunos productos claramente *malos*: de ahí que pongamos impuestos sobre el tabaco. Y apunta a la más evidente de las soluciones: ponerle un precio al carbono. A medida que aumenta el precio de emitir carbono, las emisiones disminuyen.

Acidificación de los océanos

Esta es una consecuencia decisiva del aumento de los niveles de dióxido de carbono en la atmósfera que a menudo se pasa por alto. La mayor parte del dióxido de carbono emitido tiende a acabar en los océanos y los vuelve más ácidos.

Los océanos son un 10% más ácidos de lo que eran hacia 1990, cuando comenzaron a realizarse mediciones serias. Es probable que tengan más de 2,5 veces más acidez que a comienzos de la revolución industrial. Eso representa un incremento total —en términos porcentuales— menor que el 40% de incremento en los niveles de dióxido de carbono en la atmósfera, pero pequeños cambios en la acidez pueden tener importantes consecuencias, y los cambios en la acidez ya no son pequeños. En la actualidad, la acidez de los océanos aumenta diez veces más rápidamente que durante la última gran extinción de determinados organismos marinos, que se produjo hace unos cincuenta y seis millones de años, cuando el mundo pasó del Pleistoceno al Eoceno. ¿Cuál fue la causa inmediata en aquel entonces? Un brusco aumento en el dióxido de carbono y un súbito calentamiento global de alrededor de 6 °C.

No sabemos lo bastante acerca de qué implicarían unos océanos más ácidos. No se suele considerar que la extinción marina parcial de hace cincuenta y seis millones de años sea comparable con el asteroide gigante que exterminó a los dinosaurios hace sesenta y cinco millones de años. Algunos organismos marinos desaparecieron; otros prosperaron, aunque no puede decirse que eso sea un consuelo. Unas aguas más ácidas, por ejemplo, son una pésima noticia para los mariscos, porque de entrada eso les impide generar sus conchas y exoesqueletos. Resulta difícil determinar con exactitud los efectos más amplios, que podrían acarrear consecuencias más graves.

Aquí es donde entra en escena el «aumento de la alcalinidad», un tipo de geoingeniería que se ha propuesto como remedio directo. Agregar el suficiente polvo de carbonato de calcio —también conocido como cal— a los océanos disminuiría su acidez. El problema radica en que dar este paso aumenta aún más la absorción de dióxido de carbono por parte de los océanos, y así continúa el ciclo. Y lo que es peor: todos los métodos sobre los que se está debatiendo en la actualidad tienden a ser prohibitivos, al contrario que el efecto *iniciativa de gorra* inherente a la geoingeniería del tipo Monte Pinatubo para reducir las temperaturas globales. El coste de estos métodos ronda la cantidad que costaría disminuir las emisiones de dióxido de carbono, cuando no la supera. ¿Por qué no centrarse *ipso facto* en reducir el dióxido de carbono? Hacerlo equivaldría a abordar tanto la acidificación de los océanos como el problema de las temperaturas.

Kioto, Protocolo de

Técnicamente, el «Protocolo de Kioto de la Convención Marco de las Naciones Unidas sobre el Cambio Climático».

Son pocos los que han oído el nombre completo, pese a que sea significativo. La expresión *Convención Marco* hace referencia a la parte legal. La CMNUCC salió de la Cumbre de la Tierra de Río de Janeiro en 1992. Fue ratificada por 195 naciones. A ella le debemos la tristemente célebre frase: «Estabilizar las concentraciones de gases de efecto invernadero en la atmósfera en unos niveles que impidan interferencias antropogénicas peligrosas con el sistema climático». Pese a que la Convención Marco es un tratado vinculante, esa meta parece haberse esfumado hace mucho tiempo, y no está muy claro a quién podría usted demandar si, pongamos por caso, la isla en la que vive estuviese desapareciendo a causa del aumento del nivel del mar.

El Protocolo de Kioto propiamente dicho, a diferencia de la CMNUCC, es harina de otro costal. Para empezar, Estados Unidos lo firmó, pero nunca lo ratificó. Canadá sí lo firmó, pero después se ha retirado. La Unión Europea también lo hizo y se mantiene fiel a sus ambiciosas metas climáticas. Por desgracia, eso está lejos de ser suficiente para resolver el problema global, sobre todo teniendo en cuenta el hecho de que China e India no han contraído compromiso formal alguno de reducción de sus emisiones bajo los acuerdos de Kioto.

En su forma más pura, un problema global requiere una solución global. Eso significa establecer políticas climáticas sensatas para llevar a 7.000 millones de personas por un camino más sostenible. El rayito de esperanza, por así decirlo, reside en que para que nuestras acciones tengan incidencia no hacen falta ni de lejos 195 países, todos ellos comprometidos con políticas energéticas propias. Hay miles de maneras de despachar el problema, pero en realidad los responsables de la mayoría de las emisiones de gases de efecto invernadero son sólo un puñado de países contaminadores. Si sumamos las emisiones de Estados Unidos, Europa, China, India, Japón, Rusia y algunas zonas de Brasil e Indonesia (en lo que se refiere a la cuestión forestal, claro está), obtenemos más del 60% de las emisiones globales. Lidiar exitosamente con cada una de esas piezas, sin embargo, es harina de otro costal, pero al menos no se trata de un rompecabezas multidimensional de 195 piezas. De hecho, en cada uno de estos países y regiones existen signos esperanzadores de que un cambio serio de política no es ya algo meramente hipotético, sino cuestión de tiempo. El tiempo, por supuesto, es un factor importantísimo, y la tarea que tenemos entre manos es precisamente la de acelerar la marcha de la historia.

Montreal, Protocolo de

Técnicamente, «Protocolo de Montreal relativo a las sustancias que agotan la capa de ozono».

Este protocolo, firmado en 1987, está ampliamente considerado como uno de los mayores éxitos medioambientales. Se han escrito libros acerca de los motivos de este éxito. La historia completa es compleja, pero podría resumirse así: DuPont, propietaria de muchas patentes de los gases que estaban destruyendo la capa de ozono, descubrió posibilidades comerciales en el empleo de alternativas más seguras para el ozono estratosférico. La búsqueda del beneficio dio lugar a un matrimonio feliz entre las relaciones públicas y la tranquilidad de conciencia. En cuanto DuPont decidió —prácticamente de la noche a la mañana— dar un giro de 180° a su posición, el Gobierno estadounidense, entonces encabezado por el presidente Reagan (ni más ni menos), cambió de discurso y aprobó y ratificó el tratado internacional que contribuyó a eliminar gradualmente los gases en cuestión. El agujero de ozono lleva ya años disminuyendo y se espera que esté completamente cicatrizado para mediados de siglo. Crisis zanjada.

Eso es positivo para la capa de ozono. A estas alturas ya sabemos que también es negativo para el clima. El Protocolo de Montreal regula los clorofluorocarbonos (CFC) y los hidroclorurocarbonos (HCFC). DuPont descubrió que eran fáciles de reemplazar por hidrofluorocarbonos (HFC). Por desgracia, en lo tocante al calentamiento global los HFC son 100 y 10.000 más potentes que el dióxido de carbono. Lo bueno es que sólo los empleamos en cantidades pequeñas, lo que no significa que su uso no deba reducirse, y pronto. Por desgracia, el control de los HFC no está recogido en el Protocolo de Montreal (todavía), sino bajo el de Kioto. Regresamos a la casilla de salida.

El éxito del Protocolo de Montreal sí apunta, sin embargo, a una lección importante: el cambio es realmente posible. Puede que sea más difícil en lo que se refiere al clima que en lo tocante al agujero de la capa de ozono, pero eso no significa que el cambio climático sea un problema que esté fuera de control y desbocado. Exige un esfuerzo concertado y un grado de liderazgo político sin precedentes. En todo caso, existen buenas razones por las que debería añadirse la siguiente cláusula a todos los pronósticos sobre cómo va a evolucionar el clima: esto es lo que sucederá, *a menos que la sociedad cambie de rumbo.* El agujero de la capa de ozono no resultó ser tan negativo como habían vaticinado algunos de los mejores científicos, y no es porque los científicos estuvieran equivocados, sino porque el mundo aunó esfuerzos para hacer algo antes de que el problema se agravara demasiado.

Lo mismo cabría decir del cambio climático. El mundo podría tomar las riendas del problema si existiera la voluntad de hacerlo. La política podría —y debería— conducir a la humanidad por un camino que desmintiera los pronósticos climáticos más devastadores, precisamente porque la sociedad habría reaccionado ante la más terrible de las advertencias.

Compromisos (*trade-offs*)

Se trata de un concepto incrustado en el ADN de todo economista. Las verdades absolutas prácticamente no existen. A veces las prohibiciones totales pueden tener sentido, como demuestra la prohibición efectiva de los CFC por el Protocolo de Montreal. No obstante, las prohibiciones a menudo acarrean costes elevados. La prohibición de todas las emisiones de dióxido de carbono está fuera de discusión. Sencillamente, sería demasiado costosa.

Una de las formas de compensación más relevantes en este caso se resume en la sencilla fórmula «crecimiento *versus* clima». Al fin y al cabo, es innegable que el crecimiento económico que conocieron Europa y Estados Unidos desde la revolución industrial, y que China, la India y otros muchos países están experimentando ahora, viene acompañado de costes imprevistos o que no se conocen de antemano. Quizá el mayor de todos ellos sea el cambio climático incesante.

La otra cara de este equilibrio entre el crecimiento y el clima es que ha de existir una ruta óptima que compense los beneficios y los costes de cada uno. En teoría, así es. La gran pregunta que hay que hacerse es si en la práctica existe efectivamente una forma sensata de plasmar todo esto en un solo análisis de coste-beneficio exhaustivo. Véase DICE como ejemplo de un modelo que intenta hacer eso precisamente. Pero, ¿qué pasa cuando las incógnitas son tan grandes como para dejar en ridículo cualquier estimación en dólares?

Incógnitas

Volvamos a la franja «probable» de la sensibilidad climática, en la que seguramente se ubiquen las temperaturas globales promedio cuando las concentraciones de dióxido de carbono se hayan duplicado. Aunque bien podrían ser las cifras «improbables» que están fuera de ese intervalo las que determinaran el desenlace final, y en caso de que así fuera, no sería una buena noticia.

Capítulo 3
Colas gruesas

En 1995, el Grupo Intergubernamental de Expertos sobre el Cambio Climático (IPCC) declaró que «lo más probable» era que la actividad humana fuera la causa del calentamiento global. En el año 2001 ya dijeron que era «probable». Al llegar el año 2007, reconocieron que era «muy probable». En 2013 admitieron que era «extremadamente probable». En la jerga oficial del IPCC ya sólo queda un paso por dar: «prácticamente seguro». La gran pregunta es: ¿qué grado de certeza necesita tener el mundo para actuar de una manera acorde con la magnitud del reto?

Una pregunta no menos importante que habría que hacerse es si tanto hablar sobre certezas está transmitiendo el mensaje adecuado. La probabilidad cada vez mayor del cambio climático antropogénico tiene tres aspectos. Sólo uno de ellos es positivo.

La primera mala noticia es que, en efecto, los seres humanos estamos haciendo aumentar tanto las temperaturas como el nivel de los mares. No cabe duda de que habría sido motivo de celebración si, por ejemplo, el informe de 2013 hubiera establecido que los informes científicos se habían equivocado por completo. Imagínense el titular del *New York Times*: «El IPCC dice que la "década sin calentamiento" ha llegado para quedarse». Pero no caerá esa breva. La ciencia atmosférica contemporánea ha vuelto a confirmar las ideas elementales de la química y la física de bachillerato, que se remontan al siglo XIX: una mayor cantidad de dióxido de carbono en la atmósfera atrapa más calor.

La buena noticia, en algún retorcido sentido filosófico, es la confirmación de la mala. A lo largo de las dos últimas décadas, la climatología ha progresado hasta llegar a un punto en el que ahora es capaz de declarar taxativamente que es *extremadamente probable* que la causa del cambio climático sea la actividad humana. Sabemos lo suficiente como para intervenir. A estas alturas, volver la espalda a esa realidad equivaldría a cerrar deliberadamente los ojos.

Ahora bien, hay otra mala noticia: la falsa sensación de seguridad que suscita tanto hablar sobre certezas. No parece que sepamos mucho más de hasta qué punto nuestros actos van a calentar el planeta que en la década de 1970, mucho antes del primer informe del IPCC y cuando la climatología contemporánea todavía estaba en sus albores. Peor aún, lo que hemos aprendido desde entonces es que, comparado con lo que sucede en los casos extremos —las colas de la distribución—, todo lo demás podría resultar irrelevante.

Climas sensibles

En 1896 —ocho décadas antes de que Wally Broecker acuñara el término *calentamiento global* y mucho antes de que nadie supiera lo que era un modelo climático— el científico sueco Svante Arrhenius calculó los efectos que tendría sobre las temperaturas duplicar los niveles de dióxido de carbono de la atmósfera. Como resultado, Arrhenius obtuvo un aumento de las temperaturas de entre 5 y 6 °C. Ese efecto —lo que sucede con las temperaturas globales promedio de la superficie terrestre a medida que se dobla el dióxido de carbono presente en la atmósfera— se conoce desde entonces como «sensibilidad climática» y se ha convertido en una vara de medir emblemática.

En sí misma, la sensibilidad climática ya representa un compromiso, una manera de hacer algo más manejable una cuestión increíblemente compleja. De hecho, el parámetro tiene unas cuantas cosas a su favor. Para empezar, el nivel inicial del carbono en la atmósfera no importa, al menos no demasiado. Uno de los pocos hechos sobre los que no hay dudas es que las temperaturas globales van aumentando de manera lineal en función de los cambios en el porcentaje de la concentración de dióxido de carbono. El primer 1% de incremento del carbono en la atmósfera tiene un impacto similar al centésimo. Cualquier duplicación de las concentraciones, en cualquier punto de un intervalo razonable, acaba desembocando en aproximadamente el mismo aumento de las temperaturas globales. La definición de la sensibilidad climática se inspira en ese hecho.

La duplicación de los niveles preindustriales del dióxido de carbono (280 ppm) parece prácticamente inevitable. El planeta acaba de superar unas concentraciones de dióxido de carbono de 400 ppm, y los niveles siguen incrementándose en 2 ppm al año. Teniendo en cuenta otros gases de efecto invernadero, la Agencia Internacional de la Energía (AIE) estima que en 2100 el mundo se situará en torno a las 700 ppm —dos veces y media los niveles preindustriales—, a menos que los grandes emisores adopten medidas drásticas para impedirlo.

Afortunadamente, la franja de sensibilidad climática de Arrhenius de 5-6 °C ha demostrado ser demasiado pesimista. En 1979, un Grupo de Estudios Ad Hoc de la Academia Nacional de Ciencias sobre el Dióxido de Carbono y el Clima concluyó que la mejor estimación de la sensibilidad climática era de 3 °C, grado y medio arriba o abajo.

En este contexto *concluyó* quizá parezca un término demasiado tajante. Desde aquí quisiéramos expresar nuestra admiración por la inventiva académica. Jules Charney, el autor principal del estudio, se fijó en dos destacadas estimaciones de la época —una de 2 °C y la otra de 4 °C— halló la media

(3 °C)y añadió medio grado centígrado arriba y abajo para completar el intervalo, en función de... pues, ¡en función de la incertidumbre!

Treinta y cinco años y algunos modelos climáticos más tarde, nuestra confianza en ese intervalo ha aumentado, pero lo que en la actualidad se denomina la franja «probable» de 1,5 a 4,5 °C sigue siendo la misma. Eso debería servirnos de indicador de que sucede algo bastante extraño. Pero hay algo todavía mucho más extraño.

Partida planetaria arriesgada

El IPCC define los sucesos «probables» como aquellos que tienen al menos un 66% de probabilidades de ocurrir. Eso todavía no nos dice nada acerca de si las cosas van a salir bien (con una sensibilidad climática más próxima a 1,5 °C) o muy mal (en caso de que sea más próxima a 4,5 °C). Si tomásemos la descripción de probabilidades del IPCC en sentido literal, las posibilidades de hallarnos fuera de ese intervalo serían de hasta un 34%. No existe una opinión clara sobre cómo se concretaría ese 34%, si bien está claro que hay más margen por encima de los 4,5 °C que por debajo de 1,5 °C. (Véase figura 1.3.)

Si se tratara finalmente de una cifra inferior a 1,5 °C lo celebraríamos, y con razón, a ser posible con una botella de champán traída expresamente de Francia para la ocasión, sin importarnos que ésta expulsase una bocanada extra de dióxido de carbono al descorcharla. Ahora bien, eso es poco probable. Ni siquiera si la sensibilidad climática se sitúa por debajo de 1,5 °C hay garantías de que el cambio climático no vaya a ser malo. De hecho, sucede todo lo contrario: al alcanzar las 700 ppm, las temperaturas finales seguirían aumentando hasta ir más allá del punto en que se encontraban hace tres millones de años. Pensemos de nuevo en los camellos en Canadá,

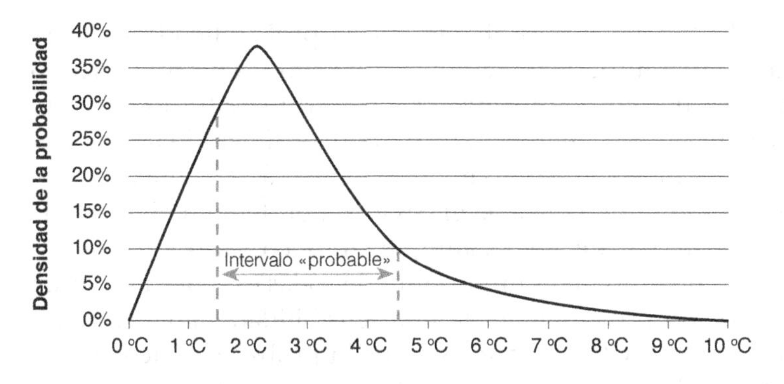

Figura 3.1. Calentamiento promedio de la superficie terrestre global debido a la duplicación del dióxido de carbono (sensibilidad climática).

que paseaban alegremente por lo que ahora es tundra helada a unas temperaturas de 2-3,5 °C por encima de los niveles preindustriales. Y nosotros estaríamos a 2 °C con una sensibilidad climática de 1,5 °C, lo que se sitúa en el límite inferior de la franja probable.

Todo eso hace de nuestra incapacidad de excluir una sensibilidad climática por encima de 4,5 °C algo aún más significativo. La menor probabilidad de una sensibilidad climática tan elevada debería producirnos escalofríos (inducidos por el calor). En tal caso, la pregunta más importante es: ¿a qué velocidad se aproxima a cero la probabilidad de alcanzar alguna de estas cifras de sensibilidad climática más elevadas a medida que aumenta la cota superior de la sensibilidad climática? Cabría imaginar un caso extremo en el que la probabilidad de que la sensibilidad climática superara los 4,5 °C fuese mayor al 10%, pero si la probabilidad de estar por encima de los 4,6 °C fuese cero, podríamos ignorar cualquier cifra aún más elevada. Ojalá el planeta tenga tanta suerte. Es *extremadamente improbable* —en el sentido habitual de la expresión, no en el que le da el IPCC— que las probabilidades de unas sensibilidades climáticas superiores vayan a decrecer tan rápidamente.

Es mucho más probable que la probabilidad de alcanzar temperaturas más elevadas vaya disminuyendo a un ritmo demasiado lento antes de acercarse a una cifra lo bastante próxima a cero como para proporcionar un grado de consuelo razonable. Ese panorama se parece más a lo que los estadísticos denominan «cola gruesa». La probabilidad de 4,6 °C es inferior a la de 4,5 °C, aunque tampoco tanto.

La pregunta más importante de todas es, por tanto, ésta: ¿cuál es la probabilidad de una sensibilidad climática catastrófica? El IPCC dice que es «muy improbable» que la sensibilidad climática supere los 6 °C. Eso es reconfortante, pero cuidado con *su* definición de lo que significa «muy improbable»: una probabilidad entre el 0 y el 10%. Y esa franja no representa más que la probabilidad de que la *sensibilidad climática* esté por encima de 6 °C, no la probabilidad de la subida efectiva de las temperaturas.

***

Vayamos directamente a la conclusión. Demos por bueno el último veredicto consensuado y partamos del supuesto de una franja «probable» de sensibilidad climática de entre 1,5 y 4,5 °C. Igualmente importante, ciñámonos a la definición de «probabilidad» del IPCC y partamos del supuesto de que eso significa una probabilidad superior al 66%, pero inferior al 90%. (Esto último sería «muy probable».) Y demos por buena la interpretación que la AIE hace de los compromisos actuales adoptados por los diferentes países. El resultado que obtendríamos sería de en torno a una probabilidad del 10% de que las temperaturas acaben superando los 6 °C, salvo que el mundo actúe de una manera mucho más firme de lo que lo ha hecho hasta ahora.

La figura 3.2 y la tabla 3.1 representan la culminación del análisis sintáctico-gramatical de *tropecientos* artículos científicos e incontables horas preocupándonos por cómo lograr que salieran impecables. Las dos primeras filas representan

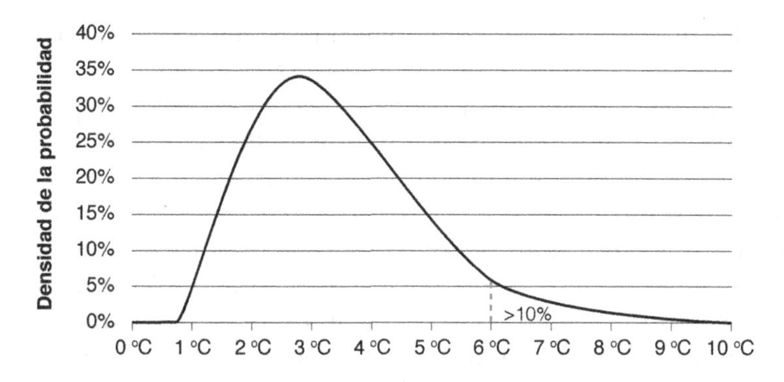

Figura 3.2. Calentamiento promedio de la superficie terrestre global basado en superar las 700 ppm CO_2e.

Tabla 3.1. La probabilidad de un calentamiento global >6 °C aumenta rápidamente cuando crece la concentración de CO_2e.

Concentración de CO_2e (ppm)	400	450	500	550	600	650	700	750	800
Aumento medio de temperatura	1,3 °C (2.3 °F)	1,8 °C (3.2 °F)	2,2 °C (4.0 °F)	2,5 °C (4.5 °F)	2,7 °C (4.9 °F)	3,2 °C (5.8 °F)	**3,4 °C** (**6.1 °F**)	3,7 °C (6.7 °F)	3,9 °C (7.0 °F)
Probabilidad de >6 °C (11 °F)	0,04%	0,3%	1,2%	3%	5%	8%	**11%**	14%	17%

el paso de las concentraciones de los equivalentes del dióxido de carbono (CO_2e) presentes en la atmósfera al aumento definitivo de las temperaturas. La tercera fila muestra la probabilidad correspondiente de superar incrementos de temperatura promedios de 6 ° C. Cada vez que tuvimos que tomar una decisión a conciencia acerca de qué paso debía ser el siguiente, intentamos hacerlo de la forma más conservadora posible, lo que muy bien podría restar importancia a algunas de las auténticas incógnitas en juego.

Lo más escalofriante es lo rápidamente que aumentan las probabilidades de superar temperaturas de 6 °C. Compárense los cambios en el incremento medio de las temperaturas con las probabilidades de superar temperaturas de 6 °C. Puede que pasar de las 400 a las 450 ppm —la diferencia entre 1,3 °C y 1,8 °C, el incremento de temperatura más probable— no parezca gran cosa. Es posible que haya algunos momentos críticos potencialmente irreversibles por el camino, pero al fin y al cabo sólo se trata de medio grado centígrado, es decir, de un incremento de apenas más de un tercio. Al mismo tiempo, la probabilidad de superar los 6 °C, la última fila, pasa de golpe del 0,04% al 0,3, lo que equivale prácticamente a multiplicarse por diez. ¡Y todo eso se refiere sólo a pasar de 400 a 450 ppm, cuando el planeta ya ha pasado de 400 ppm sólo para el dióxido de carbono y de 440 a 480 ppm para las concentraciones equivalentes en términos de CO_2! El salto ulterior a 500 ppm incrementa esa probabilidad de catástrofe hasta llegar al 1,2%. Cuando las concentraciones alcanzan las 700 ppm — la cifra que la Agencia Internacional de la Energía calcula que alcanzará el planeta en el año 2100 aun en el caso de que todos los gobiernos cumplan con sus actuales promesas—, la posibilidad de acabar superando los 6 °C se eleva en aproximadamente un 10%. Eso parece la manifestación de una «cola gruesa» si alguna vez la hubo (pese a que, estrictamente hablando, ni siquiera demos por supuesta esa propiedad en nuestros cálculos; nuestra «cola» es «generosa», aunque no exactamente «gruesa» en términos estadísticos).

Al llegar a las 700 ppm, el incremento medio de temperatura sería de 3,4 °C. Por sí solo, esto supondría un cambio profundo que alteraría el planeta tal como lo conocemos. Es probable que las regiones polares se calentasen por lo menos el doble de ese promedio global, con todo lo que eso supone. Los costes serían abrumadores y tendrían que haber motivado a los líderes mundiales a adelantarse a esa posibilidad hace mucho tiempo. No obstante, esos costes siguen siendo insignificantes en comparación con lo que sucedería si las temperaturas finales excedieran los 6 °C. Es esta probabilidad del 10% de un desastre absoluto lo que convierte al cambio climático en algo todavía más costoso.

Ahora sí que nos encontramos en el ámbito de lo que Nassim Nicholas Taleb denomina un «cisne negro» y Donald Rumsfeld una «incógnita desconocida». No sabemos cuáles serían las plenas consecuencias de un eventual aumento de temperaturas de 6 °C. No podemos conocerlas. Sería una apuesta planetaria a ciegas. Los incendios devastadores, los accidentes de automóvil y otras catástrofes individuales suelen tener menos de un 10% de probabilidades de producirse. Y aun así, la gente contrata seguros para protegerse de estos riesgos remotos, e incluso se les exige que así lo hagan mediante leyes para que la sociedad no tenga que cargar con sus consecuencias económicas. Tratándose de un fenómeno de escala planetaria, de ningún modo deberían imponerse unos riesgos como éstos a la sociedad.

«De ningún modo» parece una expresión muy tajante. Evoca imágenes de prohibiciones o de costes infinitos. Se opone diametralmente a la noción de *trade-off* de cualquier economista. Puede que los costes del calentamiento global sean elevados, quizá más de lo que nadie hubiera imaginado. Ahora bien, seguro que no pueden ser infinitos.

El dinero lo es todo

Intentar calcular el incremento eventual de las temperaturas es una cosa. Pero aun cuando pudiéramos conocer con más exactitud cuánto calor hará en Roma en agosto de 2100, lo que nos preocuparía en realidad no sería qué cifra exacta iban a alcanzar las temperaturas. Lo que nos importa son los efectos sobre el clima, y cuánto le van a costar a la sociedad. La subida del nivel del mar es uno de ellos. Otros son fenómenos extremos, como las sequías o los huracanes que podrían abatirse sobre nuestras viviendas mucho antes de que el aumento del nivel del mar nos obligue a abandonarlas.

La tarea de precisar los efectos concretos es caótica y está plagada de incógnitas. Abundan las incógnitas conocidas. Puede que sean las incógnitas desconocidas las que acaben dominando, y los momentos críticos y otras sorpresas desagradables parecen acechar a la vuelta de cada esquina. Algunos de ellos podrían acelerar el calentamiento. Desde el punto de vista del calentamiento global, autorizar la explotación de inmensos depósitos carboníferos en Siberia o el permahielo canadiense podrían tener repercusiones negativas. Sólo la fusión de los mantos de hielo de Groenlandia y del Antártico occidental ya hace que el nivel del mar suba un centímetro cada década. Si el manto de hielo de Groenlandia se derritiera por completo, el nivel del mar aumentaría en siete metros. La fusión completa del manto de hielo del Antártico occidental añadiría otros 3,3 metros. Eso no va a ocurrir pasado mañana, ni siquiera en este siglo. Las estimaciones del IPCC sobre la subida del nivel del mar global promedio para este siglo tocan techo al llegar a un metro. No obstante, se superará el momento crítico en el que la fusión completa se haga inevitable mucho antes. Puede que ya hayamos superado el punto crítico para el manto de hielo del Antártico occidental.

Esta combinación de incógnitas —primero las que van de las emisiones a las concentraciones y de ahí a las temperaturas, y luego las que van de estas últimas a sus efectos medidos en dólares y centavos— hacen que sea extremadamente difícil calcular correctamente las cosas, lo cual no ha impedido que algunos economistas lo intenten.

Uno de los mejores es Bill Nordhaus. Su modelo DICE —acrónimo de modelo Dinámico Integrado Clima-Economía— está disponible públicamente desde comienzos de la década de 1990. Varias generaciones de estudiantes de posgrado han jugueteado con él, han intentado refutarlo y han derivado a partir de él estimaciones de política climática global «óptimas». Las estimaciones del propio Nordhaus acerca del coste social del carbono han ido aumentando desde que el modelo se hizo público por primera vez, en 1992. En aquel entonces, su respuesta económicamente óptima al cambio climático consistió en un impuesto global sobre el carbono de aproximadamente dos dólares por tonelada de dióxido de carbono (medido en dólares de 2014). Eso iba a significar un calentamiento global promedio que alcanzase los 4 °C o más. En el pulso entre crecimiento económico y clima estable, ganó el crecimiento. Desde entonces, los efectos climáticos adversos no han dejado de proliferar, poniendo de manifiesto que el crecimiento sin trabas basado en los combustibles fósiles se torna cada vez menos óptimo. En la actualidad, la estimación «óptima» preferida de Nordhaus está en torno a 20 dólares por tonelada de dióxido de carbono. Los incrementos de temperaturas finales resultantes ahora tocan techo alrededor de los 3 °C.

La búsqueda del precio óptimo del carbono es un tema candente. La estimación formalmente derivada de Nordhaus, de 20 dólares, es todavía más baja que el cálculo medio de 25 dólares por tonelada, que presenta en su propio libro a título «ilustrativo». A su vez, eso es inferior a la estimación «central» del actual Gobierno norteamericano, de alrededor de 40 dólares, derivada de la combinación de los resultados de DICE y de otros dos modelos de evaluación.

Nada de eso incluye todavía el coste correcto de las colas, gruesas o no. Puede que las temperaturas medias máximas de Nordhaus se mantengan por debajo de 3 °C, pero esa sigue siendo la media. Sigue dejando sin concretar cuál es la probabilidad de superar los 6 °C o más. Otras estimaciones intentan tomarse la incertidumbre más en serio. El propio Gobierno estadounidense presenta lo que denomina la «estimación del 95 percentil» como una manera de estimar las situaciones extremos. En este caso la cifra óptima es de 100 dólares por tonelada de dióxido de carbono emitida en la actualidad.

¿Qué es lo que incluye entonces la estimación central de 40 dólares, y cómo se deriva? Dos temas clave ocupan un lugar preponderante: la estimación en dólares de los daños causados, y las rebajas. Los abordaremos por turno.

¿Cuánto cuesta un grado de calentamiento?

Comparemos las temperaturas medias de Estocolmo, Singapur y San Francisco. En Suecia los inviernos son largos, fríos y oscuros. Hay que esperar a que lleguen los meses de verano para obtener medias elevadas superiores a los 20 °C. Los habitantes de Singapur no tienen ese problema. Su media más baja es superior a la media anual más elevada de Estocolmo. Todo esto hace que los habitantes de San Francisco se sientan muy ufanos, pese a la niebla y todo lo demás. Disfrutan de un clima mediterráneo estable todo el año, interrumpido por una semana de lluvias en «invierno». Con todo, las tres ciudades son prósperas metrópolis. Es posible que los historiadores sostengan que todas ellas se fundaron gracias a su óptima situación geográfica. En tal caso, ¿qué es lo que debería inducirnos a creer que un clima es mejor o peor que otro? ¿O que unas temperaturas medias globales más cálidas implican más costes?

Los costes del cambio climático no son la consecuencia de alejarnos de ningún clima óptimo o ideal. Puede que Estocolmo fuera un lugar más agradable si hiciera uno o dos grados más. Por cierto, eso es precisamente lo que el científico sueco Svante Arrhenius, el famoso descubridor del efecto invernadero, insinuó que quizá nos conviniera hacer deliberadamente: quemar más carbón para «que disfrutemos de períodos con un clima mejor y más templado, sobre todo en las regiones más frías del planeta». En defensa de Arrhenius, conviene recordar que esto lo dijo en 1908, después de que hubiera identificado el efecto invernadero, pero mucho antes de que estuviera meridianamente claro que llenar la atmósfera de dióxido de carbono iba a acarrear costes significativos. En última instancia, el grueso del coste de los pequeños cambios de temperatura representa la suma de los costes de cambiar aquello a lo que nos hemos acostumbrado. Y no tiene que ver con que los suecos ya posean chaquetas invernales y los habitantes de Singapur ya tengan aire acondicionado. Lo que hace que los aumentos de temperaturas sean costosos son las inmensas inversiones e infraestructuras industriales construidas en función de los climas actuales.

Una vez más, las propias temperaturas no importan tanto como lo que lleva consigo su aumento. Uno de esos efectos es el aumento del nivel del mar, a lo que hay que añadir las marejadas ciclónicas, que precisamente debido al cambio climático se volverán más poderosas y más frecuentes. Todo esto se limita sólo a los efectos perfectamente «normales» y *promedios* del aumento del nivel del mar que entraña el rumbo que *ya* hemos tomado. Nada de esto se debe ni a colas gruesas ni a otras situaciones catastróficas.

Cuando los modelos incluyen los últimos descubrimientos científicos y cuantifican cada vez más daños que es susceptible de producir el cambio climático, los costes estimados de la contaminación por carbono aumentan. DICE y compañía están permanentemente actualizándose e incorporando los últimos descubrimientos científicos. En 2010, la estimación central —llevada a cabo por el Gobierno estadounidense— de los costes sociales de una tonelada de dióxido de carbono emitida en 2015 se fijó en unos 25 dólares. Cuando esta estimación se revisó en 2013, se situó en unos 40 dólares.

***

Nada de esto pretende denunciar los intentos de modelización. Todo lo contrario. Acertar es increíblemente difícil. En todo caso, es un llamamiento a invertir en la modelización macroeconómica a gran escala. El modelo DICE de Nordhaus, así como sus principales competidores, FUND y PAGE, fueron iniciados por una sola persona, y mantenidos, remendados y modificados con mucho esfuerzo durante años y décadas por un pequeño grupo de economistas devotos. Entretanto, cuando las grandes empresas intentan analizar dónde vender un determinado sabor de dentífrico recurren a cantidades inmensas de información geoespacial y a escala de cliente, que son analizadas por docenas de estadísticos y programadores, por no hablar de los grandes esfuerzos de marketing que realizan, valorados en miles de millones de dólares.

No deberíamos desechar los modelos económico-climáticos porque sean deficientes. En todo caso, tendríamos que estar sobrealimentándolos, *IBMificando* su funcionamiento. Está en juego algo mucho más importante que la venta de un dentífrico, y no obstante, Colgate y Procter & Gamble compiten entre sí con la ayuda de inmensas bases de datos, mientras que DICE puede funcionar en el ordenador personal de cada cual. Contar con más personal y mayor cantidad de datos al menos ayudaría a estos modelos a incorporar las últimas informaciones disponibles en tiempo real.

Aun en el caso de que hiciéramos todo eso, sin embargo, seguiría quedando un gran problema por resolver: ¿cómo cuantificar los daños causados por los efectos de un cambio climático potencialmente catastrófico? Una mayor cantidad de datos no necesariamente nos ayudará a avanzar en esa materia.

La mayor parte de lo que hacen DICE y compañía ahora, en su mayor parte, es mirar hacia el pasado en busca de orientación. Centenares de análisis científicos intentan cuantificar los efectos del calentamiento global sobre ámbitos que van desde el aumento del nivel del mar hasta las cosechas, pasando por las tormentas tropicales y las guerras. La tarea, pues, consiste en traducir esos impactos a dólares y centavos. De entrada, sólo puede cuantificarse una pequeña parte de los daños conocidos. Faltan muchos. La lista de daños actualmente no cuantificados y —al menos en parte— incuantificables abarca de todo: desde enfermedades respiratorias producidas por el incremento de la contaminación del ozono, debido al aumento de la temperatura de la superficie terrestre, hasta los efectos de la acidificación de los océanos. Es más, los únicos que realmente podemos cuantificar se encuentran en intervalos de temperatura bajos y relativamente estrechos, quizá de 1,8 °C o puede que incluso de 2 °C de promedio global del calentamiento de la superficie. ¿Cómo vamos a calcular lo que ocurre a 5,4 °C, o incluso a 3 °C?

Extrapolar, extrapolar, extrapolar.

Eso, al menos, es lo que hacen los modelos actuales. Partir de lo que sucede a 1 o 2 °C y ampliarlo. Sabemos que no podemos limitarnos a ver las cosas de manera lineal, debido a la existencia de puntos críticos y otras sorpresas potencialmente desagradables. Nadie propone tal cosa en serio. Al contrario, DICE recurre principalmente a las extrapolaciones cuadráticas. Si un grado centígrado causa daños por valor de diez dólares, entonces dos grados centígrados no causan daños por valor de 20 —eso sería lineal—, sino por valor de 40. Más concretamente, Nordhaus calcula que un calentamiento de 1 °C cuesta menos del 0,5% del PIB mundial, de 2 °C cuesta alrededor de 1% del PIB y de 4 °C, alrededor del 4%. A partir de ahí la cosa se dispara, pero incluso un aumento de 6 °C se quedaría por debajo del 10%.

Eso sí, se trata de una cifra absoluta muy grande: el 10% de la producción económica global total actual estaría en torno a los 7 billones de dólares. En caso de concretarse, cuando nos cayeran encima esos 6 °C, la proporción de daños se vería multiplicada por un gran factor de crecimiento. Pero, ¿hasta qué punto podemos estar seguros de que esa es la cifra correcta?

Sencillamente es imposible. En cuanto extrapolamos las estimaciones de daños de los 6 °C en adelante, todo son conjeturas. Utilizar una función cuadrática es un apaño, pero nada más. Muchas otras extrapolaciones encajarían con los daños proyectados en la parte inferior de la escala, pero en la parte superior arrojarían unos resultados radicalmente distintos. Por ejemplo, la figura 3.3 muestra cómo la estimación del calentamiento exponencial, a diferencia del cuadrático, arroja unos resultados marcadamente distintos:

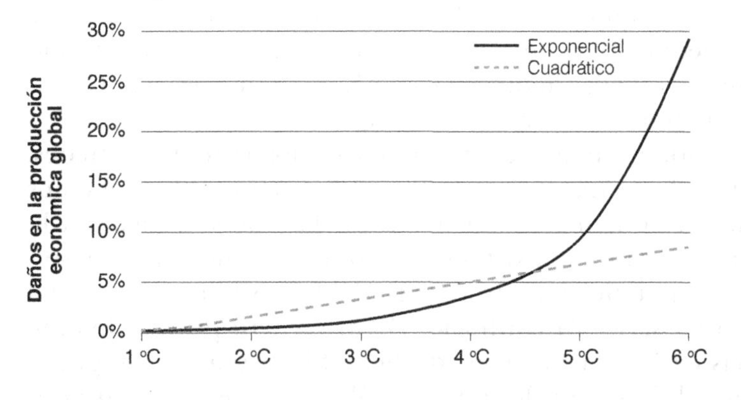

Figura 3.3. Extrapolaciones cuadráticas y exponenciales de los daños económicos globales.

Las dos líneas son idénticas para 1 °C y 4 °C. Para 2 °C y 3 °C están tan próximas que se vuelven indiscernibles, teniendo en cuenta las incertidumbres. A llegar a los 5 °C empiezan a producirse divergencias. Cuando se alcanzan los 6 °C, bien podrían estar describiendo otro planeta. La extrapolación cuadrática acaba un poco por debajo del 10% de la producción económica global. La exponencial se aproxima al 30%.

No estamos diciendo que en el caso de que las temperaturas medias globales alcancen los 6 °C, una disminución del 30% de la producción sea más previsible que un 10%. Sencillamente, no lo sabemos. Nadie lo sabe. Para el caso, podríamos inventarnos historias acerca de que un 10% podría ser excesivo, porque la gente seguirá apañándoselas. Incluso con un calentamiento de 6 °C, el Estocolmo de mañana seguirá siendo más fresco que el Singapur actual. O también podríamos contar historias acerca de cómo el 30% podría quedarse demasiado corto, porque ni Estocolmo ni Singapur llegarían a ver ese día, ya que sus litorales costeros actuales estarían en vías de quedar sumergidos bajo varios metros de agua. Decimos *estarían*, y no «probablemente estén». Pero una vez más, es la incertidumbre que rodea tanto la magnitud de las consecuencias como el momento en que vayan a producirse lo que hace aumentar los costes reales.

***

No está claro en absoluto que sea correcto equiparar los daños a un porcentaje determinado de la producción en un año dado. La práctica habitual de DICE y otros modelos consiste en partir del supuesto de que la economía va tirando perfectamente hasta que hay que restarle los daños provocados por el cambio climático en algún momento futuro. Catastróficas o no, las estimaciones de daños climáticos parecerán pequeñas en comparación con los asombrosos aumentos de riqueza que supuestamente reportará el crecimiento económico. A un ritmo de crecimiento del 3% anual, en cien años la producción económica global se habrá multiplicado prácticamente por 20. Aunque restáramos un 10, un 30 o incluso un 50% a causa de los daños climáticos producidos al cabo de cien años, el planeta seguiría siendo mucho más rico que en la actualidad. En resumidas cuentas, puede que el cambio climático sea malo, pero hasta en el peor de los casos la situación del planeta será mejor que la actual, siempre y cuando el crecimiento económico siga siendo robusto.

Supongamos, por el contrario, que los daños afectaran a las *tasas* de crecimiento de la economía más que a sus *niveles*. El cambio climático afecta claramente a la productividad del trabajo, sobre todo en los países ya cálidos (y pobres). En tal caso, los efectos acumulativos de los daños podrían agravarse mucho más con el tiempo. Ahí reside la belleza —o mejor dicho, el horror— de los tipos de interés compuestos: es suficiente con un cambio pequeño en un supuesto fundamental.

Por último, la forma en que se supone que los daños climáticos interactúan de manera más general con el rendimiento económico importa mucho. DICE y compañía parten del supuesto de que los daños climáticos representan una simple fracción del PIB: cuanto más elevadas sean las temperaturas, mayor será la proporción. Parece un supuesto bastante inocuo, pero comporta algunas consecuencias desagradables. El PIB y las temperaturas acaban de volverse intercambiables o, mejor dicho, unos daños climáticos por valor del 1% de la producción siempre pueden compensarse con un incremento del 1% en esa producción. *El crecimiento del PIB es bueno. Si el crecimiento del PIB implica daños mayores, bastará con aumentar el PIB más aún y el planeta seguirá estando mejor que ahora.* Ese supuesto está poco menos que inscrito en el ADN de muchos economistas. El crecimiento, al fin y al cabo, suele ser bueno.

Ahora bien, no todos los daños medioambientales se compensan tan fácilmente con el simple incremento del PIB. La pérdida de vidas humanas, de ecosistemas o de cosechas no se compensa inmediatamente con el incremento de los productos electrónicos destinados al consumo. Por decirlo de manera más escueta, a quienes se estén muriendo de hambre los iPhones no van a valerles de mucho. Idear mejores formas de producir alimentos sí. Se trata de la réplica habitual de quienes están a favor de utilizar el consabido modelo multiplicativo de los daños. *Hasta ahora, la inventiva humana siempre ha superado la degradación medioambiental. Las cosas son cada vez más baratas, más pequeñas, más veloces y mejores. La tecnología volverá a triunfar.* Quizá.

¿Y qué pasa si existen límites? ¿Qué pasa si, llegados a determinado punto, no podemos compensar los malos resultados medioambientales en un área concreta incrementando la producción? En tal caso, un mayor PIB ya no compensará tan fácilmente unos daños climáticos graves. A la lógica habitual según la cual el crecimiento económico permite compensar los daños climáticos se le acaba de dar la vuelta: es en las sociedades ricas donde existe una mayor preferencia por proteger el medio ambiente. En este mundo, cuanto mayor quepa esperar que sea el PIB futuro, mayor valor tendrá haber hecho algo hoy respecto de la contaminación generada por el calentamiento global.

De acuerdo con un estudio, suponiendo que los daños sean aditivos en lugar de multiplicativos —o sea, que los alimentos y los iPhones no son intercambiables—, el aumento de la temperatura media global óptima se reduce a la mitad. Si la versión multiplicativa estándar desemboca en unos 4 °C de calentamiento global óptimo, con suponer que los daños son aditivos se obtiene un incremento óptimo final de temperaturas inferior a 2 °C. Se trata de una diferencia enorme, y pone de relieve la importancia de los supuestos en los que se basan modelos como DICE y compañía. «Si entra basura, sale basura», reza el dicho que en nuestro caso se convierte en «si se introduce optimismo, sale optimismo». Basta con aplicar al modelo clima-economía habitual una forma funcional ligeramente distinta, para que la política climática óptima pase a ser muy diferente.

***

Una vez más, el quid de la cuestión reside en la incertidumbre, que le es intrínseca. Eso vale tanto para las formas prácticas de la función de daños como para otros muchos factores. Incluso si supiéramos con certeza cómo evolucionarán las emisiones, cómo afectarán a las concentraciones, cómo reaccionarán las temperaturas y en qué medida aumentará el nivel del mar —y no es el caso—, aun así, seguiríamos teniendo que traducirlo todo a dólares y centavos.

Lo útil no es escoger distintas clases de extrapolaciones que proyecten de manera determinista un 10%, un 30% o más de daños económicos cuando las temperaturas lleguen a los 6 °C por encima de los niveles preindustriales. El enfoque correcto consiste en este caso en llevar a cabo lo que acabamos de hacer con las temperaturas finales resultantes: fijarse en la distribución completa de daños posibles para cada temperatura resultante, no en los daños esperados condicionados a un determinado nivel de temperaturas. En otras palabras, si las temperaturas llegaran a alcanzar los 6 °C, ¿cuál sería la probabilidad de que los daños consumieran el 10% o el 30% del PIB, o cualquier cantidad intermedia o superior?

Siempre hay una pequeña probabilidad de que cualquier temperatura final concreta no provoque ningún daño. También existe siempre una pequeña probabilidad de que supusiera el fin del mundo. El desenlace más probable podría estar en algún punto intermedio: puede que, efectivamente, en algún punto entre el 10% y el 30% para un calentamiento de 6 °C, pero no es de eso de lo que se trata. O al menos, con eso no basta. Como mucho, eso sería un cálculo a ojo de buen cubero, y en el peor una conjetura.

Por tanto, no podemos simplemente presentarles otra tabla, como hicimos en el caso de los resultados de la media de las temperaturas y la probabilidad de alcanzar los 6 °C. No sabemos lo suficiente ni para rellenar la fila que indica los daños globales promedios en función de cada temperatura que resulte. Las estimaciones de Bill Nordhaus en torno a los daños esperados promedios —el hecho de que un 1 °C de calentamiento cuesta menos del 0,5% del PIB global, que un 2 °C cueste un 1% y un 4 °C alrededor del 4%— podrían servir como punto de partida. Pero aun en ese caso, todo lo que se refiera a cualquier temperatura superior a los 2 °C ya es en buena medida una pura conjetura. Y es muy poco lo que sabemos acerca de la distribución concreta de los daños a cada nivel de temperaturas como para estimar la tercera fila para el 50% o cualquier otra cifra de impactos catastróficos en una tabla como la 3.2.

Cuando se trata de daños causados por temperaturas elevadas, los modelos económicos de última generación simplemente no son mucho mejores que hacer un ajuste de curvas en torno a lo que sabemos acerca de las temperaturas bajas y extrapolarlo hacia lo que no sabemos: mucho

Tabla 3.2. Nuestro conocimiento sobre los daños económicos disminuye rápidamente al aumentar el calentamiento global promedio.

Cambio final de temperaturas	2 °C (3,6 °F)	2.5 °C (4,5 °F)	3 °C (5,4 °F)	3.5 °C (6,3 °F)	4 °C (7,2 °F)	4.5 °C (8,1 °F)	5 °C (9 °F)	5.5 °C (10 °F)	6 °C (11 °F)
Daños globales promedio	1%	1,5%	2%	3%	4%	?	?	?	?*
Probabilidad de daños > 50% de la producción económica	?%	?%	?%	?%	?%	?%	?%	?%	?%

* Nuestra franja de los daños promedio globales a partir de 6 °C de calentamiento es de entre el 10% y el 30% a lo largo de todo el texto, pese a que esa cifra apenas sea lo bastante científica como para que merezca mencionarse en esta tabla. Simplemente se trata de una extrapolación, utilizando curvas cuadráticas y exponenciales, a partir de lo que sabemos —o creemos saber— que sucede a 1 o 2 °C.

más allá de la franja de incrementos de temperaturas históricamente observados, hasta alcanzar aquellas que constituyen un territorio inexplorado para la civilización humana, y que, casualmente, son la única clase de incrementos de temperaturas que importan en este análisis de extremos. Una vez más, no se trata de denunciar estos intentos de modelización, sino de insistir en que todas las incógnitas que son intrínsecas a esta cuestión serán, seguramente, las que determinen el desenlace final.

***

Todo esto nos conduce al ámbito del debate filosófico en torno a si una cifra, por mala que sea, es mejor que ninguna. Si la estimación de los daños globales promedios causados por un calentamiento final de 6 °C de Nordhaus es del 10%, y una simple extrapolación exponencial nos da como resultado un 30%, ¿deberíamos utilizar esta franja del 10-30% o no? ¿Y qué sucede si tenemos unos daños fundamentalmente imprecisos porque, por ejemplo, afectan a las tasas de crecimiento en lugar de a los niveles de producción, o porque los daños son inherentemente aditivos en lugar de multiplicativos?

La pregunta decisiva es: ¿cuál es la alternativa? No emplear estas estimaciones en los análisis coste-beneficio equivale a utilizar una estimación de daño climático igual a cero. No cabe duda de que esa cifra es errónea. Así que será mejor que utilicemos las cifras que obtienen DICE y otros modelos semejantes. Desde ese punto de vista, la cifra del Gobierno norteamericano —40 dólares por tonelada— es tan válida como cualquier otra, pese a que es probable que se trate de una subestimación. Al menos aprovechémosla de momento para poner de relieve otra cuestión importante.

¿Cuánto costará un grado de calentamiento dentro de cien años?

Nadie sabe si los daños de un calentamiento eventual de 6 °C equivaldrán al 10 o al 30% de la producción económica global o a una cifra que no se le parezca en nada. Lo único que sabemos con certeza es que deberíamos descontar cualquier cifra que obtengamos. El fundamento lógico de aplicar un descuento al futuro es sólido: es el resultado de combinar que la gratificación se pospone y se asume un riesgo. Tener un dólar hoy vale más que tenerlo dentro de diez años. Ahora bien, ¿de *cuánto* más estamos hablando? Responder esta pregunta parece ser tanto un arte como una ciencia. Sin embargo, no tiene por qué serlo.

De hecho, hay un sitio web dedicado a ello. Visite Treasury.org y encontrará la tasa de interés para lo que habitualmente se consideran las inversiones menos arriesgadas imaginables: los bonos del tesoro estadounidense. Préstele a Estados Unidos de Norteamérica cien dólares hoy durante un plazo de hasta treinta años, y vea cómo cada año su inversión crece en función del tipo de interés que ahí figure. Más concretamente, lo que le interesaría buscar son los Valores del Tesoro Protegidos de la Inflación, o TIPS. De ese modo, lo que uno ve es lo que obtiene en concepto de capacidad de compra porque la inflación no va a reducir sus ganancias. Esos tipos se han mantenido en torno al 2% anual desde hace diez años. En estos momentos están más próximos al 1%.

Contrastemos esas cifras con la estimación central del 3% que el Gobierno estadounidense utiliza para calcular el coste social de las emisiones de carbono. Nordhaus, en su modelo DICE, llega a un valor por defecto de alrededor del 4%. Lord Nicholas Stern, en *El informe Stern: la verdad sobre el cambio climático*, utilizó una cifra del 1,4%. En aquel entonces fue duramente criticado por esa opción tan baja. Entonces, ¿cuál es la tasa de descuento correcta?

La respuesta más breve sería decir que no lo sabemos, pero estamos bastante seguros de que la tasa de descuento tendría que ir reduciéndose «hacia el valor más bajo posible» a medida que creciera el horizonte final. Eso sin duda juega a favor de cualquiera que intente abogar a favor de iniciativas enérgicas en materia climática aquí y ahora. Una tasa de descuento menor significa que los daños climáticos futuros tendrán más valor en dólares de hoy. No obstante, hay bastante ciencia detrás de ello. Una vez más, es sobre todo lo que no sabemos lo que apunta esta dirección. El principal motor de unas tasas de descuento bajas es la incertidumbre en torno a cuál debería ser la tasa correcta. ¿Quién sabe cuál tendría que ser la tasa de rebaja dentro de uno o dos siglos? Cuanto menos sepamos acerca de la tasa de rebaja correcta, menor debería ser. Puesto que sabemos menos acerca de la tasa de rebaja correcta cuanto más nos proyectamos en el tiempo, esa tasa debería reducirse con el tiempo. Así pues, ¿cuál es exactamente esa cifra? Seguramente no será del 4% o del 3%, como la que se emplea en la actualidad, sino que con toda probabilidad será significativamente menor, quizá de un 2% o menos. Se encuentra tan en el futuro que no podemos saberlo con certeza, pero la prudencia y la precaución dictan que al menos deberíamos considerar el empleo de tasas reducidas para las rebajas a largo plazo.

Cualquiera de estas cifras, no obstante, se centra en tasas libres de riesgos. Es lo que uno obtiene con certeza, independientemente de lo que suceda en el mundo que nos rodea. El meollo mismo de la preocupación por el cambio climático es su carácter imprevisible. ¿Debería, por tanto, cada hipotético escenario futuro rebajarse con la misma tasa?

Finanzas climáticas

Podríamos hacer cosas mucho peores que analizar el mundo de las finanzas en busca de indicios acerca de cómo rebajar la incertidumbre futura. En caso de duda, pregunten a aquellos que necesitan ganar dinero con sus decisiones. Bob Litterman ha pasado la mayor parte de su trayectoria profesional en Goldman Sachs, donde a finales de la década de 1990 fue director de gestión de riesgos para toda la empresa antes de pasar a la gestión de activos. Lleva toda su vida sumergido en el Modelo de Valoración de Activos Financieros (CAPM). Es más, desarrolló una variante, el Modelo Black-Litterman de Asignación Global de Activos, que permite tomar decisiones en materia de fijación de precios de activos sin hacer supuestos acerca de los rendimientos esperados para cada clase de activo. Cuanto menos sepamos, mejor funciona su modelo frente a la versión estándar.

Litterman no tiene pelos en la lengua cuando se trata de hablar de la forma en que algunos economistas expertos en clima fijan el tipo de descuento: «Abogan a favor de tasas de descuento elevadas debido al elevado coste de oportunidad del dinero, estimado a partir del rendimiento de mercado del capital. ¿Qué? Si ese fuera el único criterio, ¿por qué invertiría alguien jamás en bonos? En el mundo de las finanzas aprendimos que eso era un error en algún momento de la década de 1960». Es más, el CAPM se desarrolló en los años sesenta, y tiene una sola y simple premisa: si el valor de una inversión mejora en tiempo de vacas flacas, será más valiosa que una inversión idéntica que suba y baje con las fluctuaciones del mercado. La relación entre su rendimiento y el rendimiento del mercado se denomina Beta. Un Beta bajo quiere decir que la relación es poco estrecha. Un Beta bajo hace aumentar el valor de la inversión.

En cierto sentido, esa es la única razón para invertir en bonos del Estado que pagan un 1% o un 2% en lugar de en acciones que tienen un rendimiento esperado del 7% en el mercado de valores. Un elevado rendimiento es algo positivo, pero mucho menos si sólo es rentable en épocas económicamente boyantes, es decir, con un coeficiente Beta elevado. Los bonos del Estado norteamericano tienen un rendimiento esperado bajo, pero también tienen un coeficiente Beta bajo. Muchas carteras de inversión equilibradas incluyen al menos algunos bonos en calidad de fondo de reserva para las épocas de vacas flacas.

Esto tiene consecuencias diabólicas para la política climática: si de algún modo pensamos que los daños climáticos son pequeños pero que se agravarán cuando la economía crezca más, las tasas de descuento deberían ser mayores. No pasará nada porque vivamos fenómenos climáticos extremos, pongamos por caso, porque las tormentas no serán tan malas y sólo se producirán cuando el PIB sea elevado. Este es uno de los argumentos aducidos a favor de tasas de descuento elevadas. Sin embargo, si creemos que los daños climáticos serán considerables ocurrirán en periodos en los que la economía flojee, las tasas de descuento tendrán que ser bajas. Ese podría ser un mundo en el que el cambio climático resultase en más días de calor extremo, lo que a su vez disminuiría la productividad laboral y, por tanto, el PIB.

Dicho de manera más clara: si, a menos que cambiemos de rumbo, existe una posibilidad del 10% de que se produzca una catástrofe climática que hunda las economías y altere la vida en el planeta tal como la conocemos entonces cualquier curso elemental de finanzas nos enseña que la tasa de descuento sobre esos daños proyectada hacia el futuro a largo plazo debería ser pequeña, inferior incluso a la tasa del 1% o 2% que se aplica a los bonos del Estado exentos de riesgo. ¿Cómo de reducida? Nadie lo sabe con certeza, de ahí que nos veamos forzados a tomar un breve atajo para echarle un ojo a un curso más avanzado de finanzas.

Enigmas de Wall Street

Pese a toda su sofisticación, las finanzas contemporáneas nos sitúan ante un gran número de enigmas fundamentales. Encabezando esa lista está el enigma de la prima de riesgo. Invertir en acciones estadounidenses genera unos rendimientos medios de un 5% por encima de los rendimientos de los bonos del Estado norteamericano a corto plazo. Este simple hecho lleva décadas atormentando a los economistas. Los modelos económicos al uso son sencillamente incapaces de dar cuenta de este hecho básico. La gente no tiene tanta aversión al riesgo como para necesitar unas primas tan elevadas por invertir en valores arriesgados. ¿Qué sucede?

Los precios cotidianos de los valores se encuentran entre los datos mejor conocidos. Los periódicos los publican. En Internet existen bases de datos exhaustivas disponibles de forma gratuita. Por tanto, poner en duda este hecho no nos llevará muy lejos. También cuesta entender que la razón puedan ser la pereza, los prejuicios o alguna otra idiosincrasia humana. Hay mucho dinero en juego, y la mayor parte de él está administrado por profesionales, que deberían de comportarse de manera sensata. El sitio más natural para buscar al culpable es en el seno de la propia teoría económica. Sabemos que todos los modelos simplifican la realidad. ¿Simplifican los modelos estándar más de lo conveniente?

Resulta que introducir riesgos potencialmente catastróficos en los modelos habituales explica y hasta invierte el enigma de las primas: colas gruesas en acción. Los resultados del mercado no están definidos por las fluctuaciones medias en un día típico. Están mucho mejor definidos por lo que sucede durante los fenómenos extremos, es decir, por aquello que nunca debería suceder, pero que en los últimos ciento cincuenta años nos ha proporcionado al menos una semana entera llena de jornadas «negras», desde el «lunes negro» al «viernes negro» a toda una «semana negra». Tomarse más en serio esta clase de riesgos catastróficos explica las elevadas primas de riesgo, las cantidades de dinero que hay que pagar a los inversores por que se atrevan a arriesgarse.

Lo mismo vale para los riesgos climáticos. Los sucesos climáticos potencialmente catastróficos exigen una «prima de riesgo». Cuanto mayor sea la posibilidad de estas catástrofes, más deberíamos ir tras el equivalente climático de comprar bonos del Estado exentos de riesgos: empezando por evitar las emisiones de carbono.

En esta historia hay un factor que complica aún más las cosas, que nos remite de nuevo a las tasas de descuento y al importantísimo coeficiente Beta: el motivo por el que cualquier persona invierte en bonos del Estado que tienen un rendimiento pobre es debido a su bajo Beta, que los convierte en una buena inversión pase lo que pase, incluso si pasa lo peor. Los modelos de fijación de precios habituales valoran estas inversiones asignándoles una tasa de descuento reducida, incluso *negativa* en ocasiones. Esta última entra en juego, por ejemplo, en el caso de vendedores a corto que ganan más cuando la Bolsa baja.

Esa misma noción de tener un seguro debería ser de aplicación en el caso de los daños producidos por el cambio climático o, mejor aún, para evitarlo. Bob Litterman establece la relación con el clima en estos términos: «Si la prima de riesgo es lo bastante grande, entonces los beneficios que otorga una póliza hasta podrían requerir una tasa de descuento negativa y un precio actual de las emisiones tan elevado que se esperaría que el precio disminuyera con el tiempo a medida que el problema fuera reduciéndose y la incertidumbre se despejara». Desde la perspectiva de la fijación de precios de los activos parece una afirmación de lo más evidente. Pero será una sorpresa para la mayoría de aquellos, en el ámbito climático, que buscan vincular la la tasa de descuento con los «costes de oportunidad» o con el «rendimiento de mercado» esperado, y donde hace tiempo que el 1,4% de lord Nicholas Stern es considerado como el límite inferior de los tipos aceptables. Ahora bien, un 1,4% no tiene nada de mágico, como tampoco lo tiene un 1%. En teoría, ni siquiera el 0% tendría por qué ser el límite inferior. No lo es para quienes juegan a corto en Wall Street. Si invertir en un proyecto es más rentable en tiempos económicos más difíciles, el tipo de descuento apropiado quizá tendría que ser inferior al tipo más bajo de los activos exentos de riesgo. No estamos en absoluto seguros de que sea el caso en lo relativo al cambio climático, pero no cabe duda de que es una posibilidad, lo que supone una gran incertidumbre añadida.

Con una elevada probabilidad de catástrofe (digamos con una probabilidad del 10% de acabar llegando a los 6 °C) y si esa catástrofe viene acompañada de grandes costes económicos —un 10% o un 30% (o incluso mucho más) de la producción económica global—, la forma apropiada de tratar el cambio climático sería aplicando unos tipos incluso inferiores quizá a los tipos de los bonos del Estado exentos de riesgo. Como siempre, cuesta escoger una cifra concreta, pero el argumento hace difícil abogar por tipos de descuento muy superiores al 1% o al 2%.

Saber escoger el momento lo es todo

No dejamos de emplear el calificativo *eventual* en relación con un calentamiento global de 6 °C y otros panoramas extremos semejantes, porque cualquiera de esos aumentos de temperaturas catastróficos se desarrollaría a lo largo de muchas décadas y siglos. No se producirán pasado mañana unos grandes aumentos promedio de las temperaturas globales, ni la catástrofe se materializará de la noche a la mañana, al menos no por ese aumento de la temperatura. De hecho, cuanto mayor sea el incremento final de las temperaturas y mayor la posibilidad de catástrofe, más tiempo tardarán ambas cosas en concretarse. Eso apunta a una de las características más profundas del cambio climático: su naturaleza de fenómeno a largo plazo. Ahora bien, eso no significa de ninguna manera que por ahora podamos relajarnos.

Si estuviera previsto que un asteroide capaz de alterar la civilización tal como la conocemos fuera a precipitarse a toda velocidad sobre la Tierra de aquí a una década, y las posibilidades de que se estrellara contra el planeta fueran del 5%, no cabe duda de que haríamos todo lo que estuviera en nuestra mano para intentar desviarlo de su trayectoria.

Si ese mismo asteroide estuviera precipitándose hacia nosotros a toda velocidad para estrellarse de aquí a un siglo, puede que pasáramos algunos años más debatiendo qué medidas exactas adoptar, pero lo que no haríamos sería posponer encontrar una solución hasta la década que precediera al impacto, de modo que pudiéramos repantigarnos y relajarnos durante otros noventa años. Tampoco se nos ocurriría confiar en que las tecnologías fueran a mejorar mucho a noventa años vista, de tal modo que pudiéramos seguir sin hacer nada durante noventa y uno o noventa y dos años.

Intervendríamos, y lo haríamos sin demora. Con independencia del hecho de que a noventa años vista las tecnologías pudieran ser mucho mejores, y también de que en ese plazo pudiéramos descubrir mucho más acerca de la trayectoria exacta de ese asteroide y eso pudiera revelarnos que las posibilidades de que el asteroide colisionase con el planeta fuesen de *sólo* un 4% en lugar del 5% que habíamos supuesto en un principio. Esta última cuestión —el aumento de la certeza en torno a las consecuencias últimos— es precisamente la que ha convertido al cambio climático en un tema tan enojoso. Nuestra estimación de la sensibilidad climática no es más precisa en la actualidad de lo que lo era hace más de tres décadas. Y la posibilidad eventual de una catástrofe climática no es del 5%; según nuestro cálculo aproximado, basado en las proyecciones de la AIE, probablemente esté más cerca del 10% o incluso de una cifra mayor.

¿Cuál es tu número?

El cambio climático está plagado de profundas incógnitas que se superponen a otras incógnitas profundas que se superponen a otras. Son esas incógnitas las que nos impiden, en última instancia, traducir sin más las temperaturas a daños económicos, y eso hace imposible esclarecer los tipos de descuento necesarios para decidir cuál sería el precio óptimo del carbono en la actualidad. En cada uno de estos pasos, sin embargo, hay una cosa que está clara: dado que las consecuencias extremas son tan amenazadoras, la carga de la prueba debería recaer sobre quienes aducen que las colas gruesas no importan, que los posibles daños serían bajos y que los tipos de descuento deberían ser elevados.

Por poco que sepamos acerca de estas incógnitas, sí sabemos con certeza que la probabilidad eventual de un calentamiento catastrófico de 6 °C o más no es igual a cero. De acuerdo con nuestra estimación, que representa un cálculo conservador, es ligeramente superior a un 10%.

Cualquiera sabe cuáles serían los daños que eso conllevaría, pero nosotros sólo podemos considerar como límite inferior la «conjetura» implícita del 10% de la producción económica global sugerida por el modelo DICE de Bill Nordhaus. Seguir esa misma lógica, cuya imperfección reconocemos, podría arrojar estimaciones situadas en cualquier punto entre el 10% y el 30%, e incluso mucho más altas. No sabemos, sin embargo, en qué punto de ese abanico se encuentra la cifra real. Estamos bastante seguros de que no es inferior al 10%, y sabemos que nadie más conoce tampoco la verdadera cifra. La pregunta más relevante no es si los daños esperados a los 6 °C equivaldrían a entre el 10% y el 30% de la producción económica global. La pregunta es: ¿cuál es la distribución completa de los daños y cuál es la probabilidad de un colapso económico significativo?

Por lo que respecta a la tasa de descuento, al menos sabemos que buscar en el rendimiento de mercado del capital un tipo de descuento de, digamos, el 4%, equivale a dar la espalda a décadas de teoría y práctica de fijación de precios de los activos. Si omitimos el panorama color de rosa en el que los daños climáticos son pequeños y empeorarán precisamente cuando la economía sea fuerte, nos enfrentamos a unos tipos mucho más bajos que los que actualmente se barajan alegremente. No sabemos si el tipo correcto debería ser del 2%, del 1% o de menos todavía. Puede que no haya un solo Beta climático —la relación entre los daños climáticos y la pujanza general de la economía— que justifique la utilización de un tipo particular. No obstante, podemos estar prácticamente seguros de que la presencia de grandes dudas en torno a unas temperaturas finales elevadas y unos daños catastróficos tendría que hacer bajar los tipos de descuento, no hacerlos subir. Un tipo del 2% podría ser nuestra estimación para daños dentro de cincuenta años, y sea cual sea el tipo, debería disminuir con el paso tiempo.

¿Adónde nos lleva todo eso? Primero, a darnos cuenta de que criticar es fácil. Es más difícil formular una alternativa constructiva. La tabla 3.2, que muestra los daños climáticos concretos, se encuentra en blanco en su mayor parte por algo, no por falta de ganas.

Si la pregunta es qué cifra concreta emplear como precio óptimo por tonelada de dióxido de carbono hoy, la respuesta debería ser: por lo menos 40 dólares por tonelada, el valor actual asignado por el Gobierno estadounidense. Sabemos que la cifra es imperfecta. Estamos bastante convencidos de que se queda corta, y estamos absolutamente seguros de que no se trata de una exageración. También es la única de la que disponemos. (Es mucho más elevada que el precio predominante en la mayoría de lugares en los que en la actualidad existe un precio del carbono, desde California a la Unión Europea. La única excepción es Suecia, donde el precio supera los 150 dólares e incluso allí, sectores industriales fundamentales están exentos.)

Si de lo que se trata, entonces, es de cómo decidir cuál sería la política climática apropiada, la respuesta es más compleja de lo que da a entender nuestro simple análisis coste-beneficio. Ponerle al carbono un precio de 40 dólares por tonelada ya es un comienzo, pero no es más que eso. Todo análisis coste-beneficio depende de cierto número de supuestos —quizá demasiados— para dar de verdad con una sola estimación en dólares basada en un único modelo representativo de algo tan inmenso e incierto como el cambio climático.

Dado que sabemos que las colas gruesas pueden determinar el desenlace final, el criterio de decisión tendría que centrarse en evitar la posibilidad de esta clase de daños catastróficos desde el primer momento. Hay quien lo llama el «principio de precaución» (más vale prevenir que curar). Otros lo consideran una variante de la «Apuesta de Pascal»: ¿para qué arriesgarse si el castigo es la condena eterna? Nosotros lo llamamos el «Dilema deprimente»: mientras las colas gruesas dominen el análisis, ¿cómo vamos a conocer siquiera las probabilidades relevantes de situaciones extremas improbables que nunca hemos podido observar y cuyas dinámicas entendemos de manera tosca en el mejor de los casos? Las verdaderas cifras son en gran medida desconocidas y puede que sean simplemente incognoscibles.

***

Al fin y al cabo, se trata de gestión de riesgos: gestión de riesgos existenciales, y lleva aparejada una componente ética. La precaución es una postura prudente cuando los riesgos catastróficos predominan tanto como en este caso. Los análisis coste-beneficio son importantes, pero por sí solos pueden ser inadecuados, sencillamente debido a que el análisis de los efectos de temperaturas elevadas está plagado de incógnitas.

El cambio climático pertenece a una rara categoría de situaciones en las que es extraordinariamente difícil poner límites significativos al alcance de los posibles daños planetarios. Centrarse en obtener estimaciones precisas de los daños asociados a un calentamiento global eventual promedio de 4, 5 o 6 °C, revela una falta de comprensión. Un precio apropiado para el carbono permitirá que nos sintamos lo bastante cómodos como para saber que nunca llegaremos a *nada* remotamente parecido a los 6 °C y a una catástrofe segura. *Nunca*, por supuesto, es mucho decir, dado que sabemos que —incluso basándonos en las concentraciones de hoy— no se puede reducir a cero la probabilidad de que se alcance cualquiera de esas temperaturas.

Una cosa que sí sabemos con certeza es que una probabilidad superior al 10% de que se produzca un calentamiento eventual de 6 °C o más —el final de la aventura humana en este planeta tal como lo conocemos ahora— es excesiva. Y es hacia eso hacia donde se dirige el planeta en estos momentos. Dada la inmensa longevidad del dióxido de carbono en la atmósfera, la política de «esperemos y veamos» equivaldría ni más ni menos que a una ceguera voluntaria.

Capítulo 4
Ceguera voluntaria

OPINIÓN DE DOS ECONOMISTAS CAVILANDO SOBRE LA:
CEGUERA VOLUNTARIA.

Siete mil millones de personas e incontables generaciones futuras frente a quienes se oponen a una política climática sensata

En un auto de avocación al Tribunal de la Opinión Pública

En el derecho penal, la doctrina de la ceguera voluntaria no es cosa de ayer. Sólo porque usted se volvió a mirar hacia otro lado cuando su socio apuntó con la pistola al empleado del banco no significa que no vayan a acusarle de complicidad en el robo.

En la actualidad, esa doctrina ha rebasado el ámbito del derecho penal. El Tribunal Supremo de Estados Unidos, por ejemplo, la ha aplicado a las patentes a raíz de un caso referente a a una «freidora innovadora». *Global-Tech Appliances, Inc., et al. v. SEB S.A.*, 563 No. 10–6 (31 de mayo de 2011). En palabras del Tribunal Supremo: «Las personas lo bastante previsoras como para ocultarse a sí mismas las pruebas directas de hechos decisivos tienen conocimiento efectivo de esos hechos». Más concretamente, el tribunal añade dos requisitos fundamentales para la ceguera voluntaria sobre los que «todo el mundo está de acuerdo»: «En primer lugar, el acusado ha de creer subjetivamente que la probabilidad de que un hecho tal exista es elevada. En segundo lugar, el acusado ha de emprender acciones deliberadas para evitar tener conocimiento del hecho». *Ibid.*

Las palabras clave son *probabilidad elevada* y *acción deliberada.* Existen pocas cosas realmente seguras. Demostrar la existencia de ceguera voluntaria exige probar que el acusado estaba lo bastante informado como para darse cuenta —con una probabilidad elevada— de que algo estaba sucediendo. Y en segundo lugar, el acusado tiene que emprender acciones deliberadas para no actuar en consecuencia con ese conocimiento.

Pasemos del ámbito del derecho penal al del cambio climático, y de la jerga jurídica del Tribunal Supremo estadounidense a la interpretación coloquial de lo que significa «ceguera voluntaria». El cambio climático es malo. No tomar iniciativas al respecto es peor. Décadas de investigación científica y años de debate público permiten calificar a quienes se resisten a reconocer la existencia de esta realidad —o se niegan de raíz a reconocerla— de «ciegos voluntarios». Es posible que algunos sean «ciegos» a secas. No obstante, a muchos otros, razonamientos interesados los conducen a conclusiones directamente contrarias a la ciencia.

Sería tentador dejar las cosas aquí. El debate en torno a si habría que actuar o no ya ha concluido. Hasta cierto punto, incluso ha terminado el debate en torno a cómo actuar. Es cierto que existen algunos desacuerdos teóricos e incluso prácticos respecto de qué hacer —si deben ponerse topes al carbono o gravarse con impuestos, cómo poner ambas medidas en práctica, o cómo ir aproximándonos a un precio sobre el carbono mediante otras políticas, como los protocolos de ahorro de combustible o los protocolos de contaminación por carbono para las centrales eléctricas. Algunas de estas políticas —como los criterios de rendimiento— bien podrían ser meritorias en sí mismas, pero en conjunto no son suficientes. La meta final está clara: gravar el carbono.

Nada de esto es un secreto. ¿Nos atreveríamos a decir que cualquiera que pretenda otra cosa está optando por la ceguera voluntaria?

Ahora se trata de una mera cuestión de grado: ¿de cuánto debería ser ese precio sobre el carbono? Es aquí precisamente donde hay espacio para el debate, académico o no. Y para que no haya dudas al respecto, este debate no puede servir de excusa de ningún modo para la pasividad aquí y ahora. Sabemos con toda certeza que el precio actual, próximo a cero en la mayoría de países, es enormemente bajo. La estimación central del análisis exhaustivo del Gobierno estadounidense sobre el «coste social del carbono» llega a un precio de alrededor de 40 dólares por tonelada de dióxido de carbono.

Esos 40 dólares por tonelada, sin embargo, no pueden ser más que el punto de partida. La mayor parte de lo que sabemos indica que la cifra tendría que ser aún más elevada. La mayor parte de lo que no sabemos nos conduciría a una cifra todavía más alta. Una mirada seria a la gran cantidad de incógnitas que entrañan los cálculos que desembocan en la cifra de 40 dólares despeja cualquier duda al respecto. Las «colas gruesas» del capítulo anterior bien podrían prevalecer sobre todo lo demás. Pero entonces, ¿cuál debería ser el precio?

Menos que infinito – infinitamente menos

Si el riesgo de catástrofe es lo suficientemente elevado y la propia catástrofe lo suficientemente grave, resulta tentador concluir que deberíamos evitarla a toda costa. No nos detengamos en los 40 dólares, ni en los 400, ni siquiera en los 4.000 dólares por tonelada de dióxido de carbono. Si la catástrofe es infinitamente mala, el coste óptimo de cada tonelada de contaminación por dióxido de carbono se sitúa más allá de cualquier umbral que desencadene la catástrofe.

Esto sería cierto incluso si «sólo» existiera un 10% de posibilidades de catástrofe. Infinito multiplicado por cualquier cifra sigue dando infinito. El veredicto matemático exacto, por tanto, sería invertir todo el dinero del mundo con tal de evitar ese desenlace. O, dicho en términos prácticos, prohibir de raíz las emisiones de dióxido de carbono en todo el mundo, es decir, el consumo de carbón, petróleo y gasolina (además de poner fin a la deforestación), dejar de conducir vehículos con motores de combustión interna, prohibir todos los vuelos comerciales, cerrar las centrales eléctricas que funcionan con combustibles fósiles... En otras palabras, poner fin a la vida contemporánea tal como la conocemos.

Esa no puede ser la receta política correcta. Para empezar, aun en el caso de que lográramos reducir las posibilidades de catástrofe climática de un 10% a quizá un 1%, seguiría habiendo un coste infinito que evitar: 1% multiplicado por infinito sigue dando infinito. En cuanto introducimos el término *catástrofe* y lo describimos como infinitamente costoso, los análisis coste-beneficio convencionales se vienen abajo.

Son pocas las cosas, por supuesto, que de verdad tienen alguna vez un coste infinito. Ni siquiera la muerte lo tiene. El «valor estadístico de una vida» puede parecer un cálculo tan inmisericorde como su nombre implica, pero la lógica subyacente es irreprochable. Al tomar pequeñas decisiones cotidianas, como abrocharse el cinturón de seguridad, u otras más importantes, como decidir qué trayectoria profesional seguir, la gente no da un valor infinito a sus vidas. Si su probabilidad de morir mientras trabaja en una profesión es el doble de alta que la de morir mientras desempeña otra, puede que el sueldo sea superior, como es lógico, pero no infinitamente superior. Puede que sea un poco rebuscado aplicar el valor de una vida individual a una catástrofe planetaria, pero la analogía sigue siendo válida.

No resulta difícil comprender que un calentamiento global eventual de 6 °C sería lisa y llanamente catastrófico, ni que destruiría la naturaleza y la civilización tal como las conocemos. Eso no significa que tuviéramos que intentar solucionar el problema a base de gastar infinitas cantidades de dinero. Tendríamos que encontrar un equilibrio sensato entre una respuesta desmesurada y una pasividad imperdonable.

Un posible indicador sería fijarnos en el propio riesgo de catástrofe. Tras el 11-S, el vicepresidente Dick Cheney postuló que «si existe un 1% de probabilidad de que los científicos paquistaníes estén ayudando a Al Qaeda a construir o desarrollar un arma nuclear, hemos de tratarla como una certeza y responder en consecuencia». De hecho, esa sería una falsa equivalencia. Un 1% no es una certeza. Es más, habría que considerar la probabilidad del propio acontecimiento como una vara de medir fundamental. Un riesgo existencial con una posibilidad realmente minúscula de producirse merece menos nuestra atención que otro que tenga un 10% o incluso un 1% de probabilidades de ocurrir.

Si la probabilidad del riesgo climático existencial fuera de sólo un 1%, como en la hipótesis de Al Qaeda del señor Cheney, estaríamos de suerte. Hemos visto, gracias a nuestro propio cálculo, más bien conservador, que el riesgo eventual de que se produzcan temperaturas globales superiores a los 6 °C es de alrededor de un 10%, es decir, diez veces superior. El criterio de decisión podría muy bien ser reducir el riesgo de catástrofe climática extrema a ese 1% citado por el señor Cheney.

A estas alturas nos topamos con otra posible limitación: el cambio climático no es la única catástrofe potencial que podría afectar al planeta. ¿Qué sucedería si un asteroide colisionara con la Tierra y aniquilara la civilización mucho antes de que empezaran a sentirse los peores efectos del cambio climático? ¿O si se produjera una pandemia? ¿Y la amenaza del terrorismo nuclear? ¿Y si la biotecnología, la nanotecnología o los robots se desbocaran? ¿Cómo asignar cantidades finitas de dinero a cada uno de esos riesgos existenciales?

Los casos límite

Existe discrepancia de opiniones acerca de lo que cabe calificar legítimamente de «riesgo existencial» o de catástrofe a «escala planetaria». Hay quien incluiría bajo esa rúbrica los accidentes nucleares o el terrorismo. Otros insisten en que sólo la guerra nuclear o al menos un ataque nuclear a gran escala poseen dimensiones merecedoras de la etiqueta «global». Hay media docena de otras candidaturas que por lo visto acceden a las diversas listas de lo peor de lo peor. Como enseguida veremos, es difícil establecer un orden claro. Además del cambio climático, hemos de tener en cuenta y preocuparnos por los asteroides, la biotecnología, la nanotecnología, las armas nucleares, las pandemias, los robots y los *strangelets.*

Quizá a alguien le parezca una lista demasiado breve. ¿Acaso no existen cientos de miles de riesgos potenciales? Sin duda, y sin salirnos del ámbito de los accidentes de tráfico, cabría imaginar maneras poco menos que infinitas de morir. Ahora bien, existe una importante diferencia. Si bien los accidentes automovilísticos son trágicos a nivel individual, difícilmente pueden calificarse como catastróficos a escala global.

Todas las entradas de nuestra lista son potencialmente capaces de aniquilar la civilización tal como la conocemos. Todos los casos límite son globales. Todos tienen consecuencias descomunales y la mayoría de ellos son irreversibles considerados desde una escala temporal humana. La mayoría de ellos, además, son poco probables.

Sólo dos —los asteroides y el cambio climático— nos permiten acudir a la historia en busca de pruebas que evidencien la inmensidad del problema. En el caso de los asteroides, para encontrar concentraciones de dióxido de carbono en la atmósfera y niveles del mar de hasta 20 metros más que en la actualidad, habría que remontarse 65 millones de años atrás.

En última instancia, el cambio climático está lejos de ser la única catástrofe potencial que debería inquietar a la humanidad. También existen otras que, aunque no sea el caso de todas ellas, merecen una mayor atención y más financiación.

Los *strangelets* parecen algo directamente sacado de la ciencia ficción: materia extraña estable potencialmente capaz de tragarse la Tierra en una fracción de segundo. Nunca han sido observados. Puede que sea teóricamente imposible. En caso contrario, cabe la posibilidad de que aceleradores relativistas de iones pesados como el del CERN (Organización Europea para la Investigación Nuclear) pudieran crearlos. Eso ha alentado a los equipos de investigación a calcular la probabilidad de que se genere alguna vez un *strangelet.* Su veredicto es que se trata de una posibilidad despreciable. Las cifras concretas oscilan entre el 0,0000002% y el 0,002%. No es cero, pero es casi como si lo fuera. Desde luego, no se parece en nada a la probabilidad del 10% de que se produzca una catástrofe climática de grandes dimensiones como hacia la que nos encaminamos en la actualidad.

Lo cierto es que difícilmente cabría imaginar algo peor que el hecho de que el planeta fuera engullido entero; sería claramente peor, pongamos, que la fusión de los polos y una subida del nivel del mar de varios metros. Cosas más extrañas han ocurrido. Pero es muy, muy, muy improbable que el planeta acabe siendo víctima de los *strangelets.*

Las probabilidades importan. Aquellos problemas que son verdaderamente improbables no deberían acaparar excesiva atención por parte de la sociedad. La física cuántica nos dice que existe una posibilidad infinitesimalmente pequeña de que nuestro planeta abandone su órbita actual alrededor del Sol y salga disparado por el espacio. Sin duda, no se trata de una posibilidad con la que la humanidad deba perder su tiempo preocupándose. Los *strangelets* son ligeramente distintos en la medida en que, a decir verdad, podrían ser una creación humana. Ahora bien, eso no significa que merezcan acaparar la atención de la sociedad. La probabilidad es sencillamente demasiado reducida.

Si pudiéramos clasificar los casos límite por la probabilidad de que ocurran, habríamos dado un enorme paso adelante. Si la probabilidad de un *strangelet* es tan pequeña que cabe hacer caso omiso de ella, las probabilidades por sí solas podrían indicarnos dónde concentrar nuestra atención. Las dimensiones del impacto también importan, igual que la capacidad de reacción.

Existen asteroides con diversos tamaños y formas. En las primeras páginas de este libro mencionábamos el que explotó sobre Chelyabinsk Oblast en febrero de 2013. El impacto hirió a 1.500 personas y causó algunos daños limitados en edificios. Si bien no deberíamos desear que se produjeran más impactos como ese sólo por la espectacularidad de las imágenes que nos dejó, tampoco podemos calificar a un asteroide de esas dimensiones de «caso límite». No lo es. Los intentos de la NASA de catalogar y defendernos de objetos procedentes del espacio están acaparados por asteroides de dimensiones mucho mayores, a saber, los que tienen un tamaño capaz de acabar con la civilización. Puede que los astrónomos hayan subestimado desde hace mucho tiempo la probabilidad de que se produzcan impactos de asteroides del tamaño del de Chelyabinsk Oblast. Se trata de una deficiencia que hay que corregir, pero si estimásemos incorrectamente la probabilidad de un impacto mucho más grande, las consecuencias podrían ser considerablemente más nocivas.

Por suerte, cuando se trata de asteroides, hay otra característica que obra a nuestro favor. La ciencia debería ser capaz de observar, catalogar y desviar hasta el último de esos grandes asteroides, siempre y cuando se le proporcionen recursos suficientes. Se trata de una condición de gran calado, pero no insalvable: de acuerdo con un estudio de la National Academy, el coste de poner a prueba concretamente una tecnología destinada a desviar asteroides se situaría entre 2.000 y 3.000 millones de dólares y requeriría diez años de investigación. Eso es mucho más de lo que estamos invirtiendo en la actualidad, pero la decisión parece bastante sencilla: invertir el dinero, solucionar el problema, y a otra cosa.

***

Ahora la lista de aspirantes frente a los que hay que medir al cambio climático se ciñe a la biotecnología, la nanotecnología, las armas nucleares, las pandemias y los robots. ¿O no?

Una posible respuesta a cualquier lista semejante sería decir que cada uno de esos problemas merece nuestra atención (apropiada), independientemente de lo que hagamos con cualquiera de los demás. Si el planeta se enfrenta a más de un riesgo existencial, deberíamos sopesar y abordar cada uno de ellos por turno. El típico seguro de vivienda nos protege contra los daños por incendios. Si su vivienda se encuentra cerca de una falla geológica, quizá también le interese contratar un seguro contra terremotos. Quienes sufren un riesgo añadido de inundaciones también contratan seguros contra inundaciones, y así sucesivamente. Lo mismo debería aplicarse a las políticas destinadas a prevenir catástrofes.

Esa lógica tiene sus límites. Si las políticas destinadas a prevenir catástrofes consumieran tanto dinero como para devorar todos nuestros recursos y más allá, está claro que tendríamos que ser selectivos. Ahora bien, no parece que sea ni remotamente el caso. Un primer paso, por tanto, debería ser recurrir siempre a los análisis coste-beneficio, que a su vez todos los presidentes norteamericanos desde Ronald Reagan han ratificado como uno de los principios rectores de la política del Gobierno.

Idealmente, la sociedad debería realizar análisis coste-beneficio serios para todas y cada una de las situaciones límite: evaluar las probabilidades y posibles efectos, y contrastarlos con los costes de intervenir en cada caso. Si el cambio climático, la biotecnología, la nanotecnología, las armas nucleares, las pandemias y los robots reúnen las condiciones para ser considerados como problemas dignos de una mayor atención por nuestra parte, la sociedad debería dedicar a cada uno de ellos más recursos.

Ahora bien, no podemos limitarnos a parapetarnos tras los análisis coste-beneficio al uso, que prescinden de los extremos. Cada uno de estos panoramas tiene su propia variante de colas gruesas: fenómenos extremos subestimados y posiblemente incuantificables que podrían hacer que todo lo demás parecieran nimiedades. Cuanto más nos alejamos del análisis coste-beneficio habitual, más aguda es la necesidad de comparar diferentes situaciones límite.

Esa comparación se está volviendo cada vez más difícil. No podemos descartar de antemano ninguna de las otras cinco situaciones límite. Las probabilidades no son tan próximas a cero como para ser despreciables. Los inconvenientes potenciales son grandes. Pregúntenselo a cualquiera que esté trabajando en la no proliferación de armas nucleares: bien podrían argumentar que el terrorismo nuclear es peor que el cambio climático. Pregunten a un virólogo, y les dirá que la sociedad no está preparada adecuadamente para hacer frente a las pandemias.

En tal caso, ¿existe algo que siga distinguiendo al cambio climático de los otros cinco?

Para empezar, la probabilidad relativamente elevada de una catástrofe planetaria eventual. Nuestro análisis del capítulo anterior sitúa esa probabilidad en torno a un 10%, y nos referíamos a una catástrofe verdaderamente global. El cambio climático desencadenaría abundantes sucesos catastróficos si las temperaturas acabaran por aumentar mucho menos de 6 °C. Muchos científicos consideran los 2 °C como su umbral y, a menos que se produzca un cambio de rumbo global, y radical, tenemos todas las cartas para alcanzar esa cifra y superarla holgadamente.

En segundo lugar, el abismo que hay entre nuestros actuales esfuerzos y lo que sería necesario en materia de cambio climático es enorme. No somos expertos en lo tocante a ninguna de las otras situaciones límite, pero en esos ámbitos al menos parece que ya se está haciendo mucho. Pongamos por caso el terrorismo nuclear. Sólo Estados Unidos gasta todos los años miles de millones de dólares en sus servicios militares, de inteligencia y de seguridad. Eso no elimina por completo la posibilidad del terrorismo. Es más, puede que una parte de ese dinero incluso lo esté alimentando, y seguro que en ocasiones habría formas más estratégicas de abordar el problema, pero al menos la misión es proteger a Estados Unidos y a sus ciudadanos. Sería difícil argumentar que la política climática estadounidense actual se beneficie de algo remotamente parecido a un esfuerzo semejante. En lo tocante a mitigar pandemias, podría invertirse más en investigación, supervisión y respuesta rápida, pero también en este caso parece que los esfuerzos adicionales necesarios equivaldrían plausiblemente a una pequeña fracción de la renta nacional.

En tercer lugar, el cambio climático tiene firmes precedentes históricos. Los seres humanos nunca lo han experimentado, pero el planeta sí. Algunas de las demás catástrofes globales potenciales dependen con frecuencia de una considerable dosis de ciencia ficción. El ejemplo más extremo quizá sería el de unos robots autónomos que se reprodujeran y dominaran el mundo. No es que sea completamente imposible, pero desde luego no se ha producido con anterioridad. El cambio climático sí.

Hay muchas razones para creer que inundar la atmósfera de dióxido de carbono está resucitando el pasado: un pasado remoto, pero pasado al fin y al cabo. El planeta ya conoció en otra ocasión los niveles actuales de dióxido de carbono: hace más de tres millones de años, cuando el nivel del mar era veinte metros superior al actual, y cuando en el Ártico había camellos. Todo esto está condicionado por importantes incógnitas, pero existen pocos motivos para pensar que la humanidad pueda trampear con la física y la química más elemental. Muchos de los efectos del cambio climático carecen de precedentes en la escala temporal humana, pero eso no significa que carezcan de precedentes en la escala temporal geológica, y no hay necesidad alguna de que la ciencia ficción nos los narre.

Comparemos los antecedentes históricos del cambio climático con los de la biotecnología, o más bien, con su ausencia. Uno de los ejemplos por excelencia es el temor a que los genes bioingenierizados y los organismos genéticamente modificados (OGM) causen estragos en el mundo natural. Es posible que actúen como especies invasoras en determinadas áreas, pero parece cuando menos improbable que lleguen a imponerse a escala planetaria. De forma muy semejante al cambio climático, los antecedentes históricos pueden ofrecernos algo de orientación en este sentido. Ahora bien, a diferencia del cambio climático, esos mismos antecedentes históricos nos ofrecen bastante consuelo. Durante millones de años, la propia naturaleza ha intentado crear incontables combinaciones de ADN y genes mutados. El proceso de la selección natural poco menos que garantiza que sólo sobreviva una minúscula fracción de las permutaciones más robustas. Los cultivos genéticamente modificados se hacen más grandes y más fuertes, y por lo demás, resistentes a los pesticidas. Ahora bien, no pueden ser más fuertes que la selección natural. Aun así, nada de todo esto garantiza que los científicos no vayan a crear permutaciones capaces de causar estragos en el mundo natural, pero la experiencia histórica nos indica que esa probabilidad es pequeña.

Y a la inversa, los mejores científicos dedicados a la biotecnología parecen mucho menos preocupados por los peligros de los «frankenalimentos» y los OGM que el público en general. En cambio, los mejores climatólogos parecen significativamente más preocupados por los graves efectos del cambio climático que la opinión pública y los responsables políticos.

Al parecer, algunos de esos mismos climatólogos —que saben lo que saben de la ciencia y de las reacciones humanas ante el problema climático— han cambiado de perspectiva. Y no es porque hayan pasado a analizar ninguna de las demás situaciones límite, ni porque crean que lo que está pasando con el clima no sea tan malo. Todo lo contrario, algunos de ellos han acabado por buscar soluciones para la crisis climática en un ámbito completamente distinto, en un intento de rescatar al planeta y alejarlo de una catástrofe inminente.

Capítulo 5
Rescatar el planeta

En junio de 1991 y a un año vista, los preparativos para la Cumbre de la Tierra en Río de Janeiro iban a toda máquina. El «desarrollo sostenible» estaba de moda. ¿Quién podría discrepar de que la humanidad deba «hacer sostenible el desarrollo para asegurar que satisfaga las necesidades del presente sin comprometer la capacidad de las generaciones futuras de satisfacer las suyas»?

La emoción era palpable. Todavía existía la posibilidad de llegar al desarrollo sostenible «antes del año 2000», como había pedido la Asamblea General de las Naciones Unidas. Sólo existía un problema: la atmósfera terrestre ya se había calentado más de 0,5 °C desde la revolución industrial, y todo indicaba que iba a ir a más.

China acababa de dejar a sus espaldas dos décadas de reformas económicas de mercado y estaba a punto de sacar a millones de chinos de una pobreza abyecta. Las tecnologías disponibles en aquel entonces significaban que China se pasaría la siguiente década copiando lo que Estados Unidos, Europa y otros países habían hecho con anterioridad para sustentar su cómoda condición de naciones ricas: consumir carbón, petróleo y gas natural —pero sobre todo carbón— y arrojar el dióxido de carbono resultante a la atmósfera, contribuyendo así al calentamiento del planeta. La firma de la

«Agenda 21» de la Cumbre de la Tierra de 1992 por parte del presidente George W. Bush no podía ir mucho más allá de provocar úlceras y hacer llamamientos a cerrar filas entre las generaciones futuras de teóricos de la conspiración de extrema derecha. No obstante, para todo eso todavía faltaba un año. El presidente Bush y otros cien jefes de Estado no volaron a Río de Janeiro hasta junio de 1992.

En el ínterin, el 2 de abril de 1991, el Monte Pinatubo, un volcán que llevaba más de cuatrocientos años inactivo, había empezado a rugir. Poco después, las autoridades filipinas dieron las primeras órdenes de evacuación. Dos meses más tarde, la actividad volcánica se aceleró y culminó en una explosión final el 15 de junio. El área circundante quedó cubierta de cenizas, rocas y lava. Por si fuera poco, el tifón Yunya se abatió sobre la zona ese mismo día. Las inundaciones resultantes, combinadas con los efectos de la explosión, desplazaron a más de 200.000 filipinos y provocaron más de 300 muertes.

Los costes fueron reales, y los beneficios también: como consecuencia directa de la explosión volcánica, las temperaturas globales descendieron temporalmente 0,5 °C, barriendo así todos los efectos climáticos del calentamiento global causado por los seres humanos hasta entonces y llegando al máximo de disminución de temperaturas en torno al momento de la Cumbre de la Tierra en Río de Janeiro, que tuvo lugar un año más tarde.

El Monte Pinatubo logró todo eso arrojando unos 20 millones de toneladas de dióxido de azufre a la atmósfera. Esa cantidad, relativamente pequeña, contrarrestó el efecto de calentamiento global de alrededor de 585.000 millones de toneladas de dióxido de carbono que a esas alturas los seres humanos habían logrado acumular en la atmósfera. (Ahora, veinte años más tarde, la cifra total acumulada en la atmósfera es de aproximadamente 940.000 millones de toneladas, y todos los indicios apuntan a que está aumentando.)

En términos de geoingeniería, la potencia proporcional del azufre con respecto al dióxido de carbono es enorme. La misma cantidad de dióxido de azufre liberada por el Monte Pinatubo ejerció casi 30.000 veces más impacto climático que la cantidad correspondiente de dióxido de carbono.

Resulta tentador establecer paralelismos con la tecnología nuclear. *Little Boy*, la bomba atómica arrojada sobre Hiroshima, poseía aproximadamente 5.000 veces más potencia que los explosivos tradicionales con la misma cantidad de material.

La comparación con la tecnología nuclear también indica el posible camino hacia delante. El misil Titan II fue desarrollado sólo quince años después de que se lanzase *Little Boy*. Su ojiva era más potente que todas las bombas arrojadas durante la Segunda Guerra Mundial juntas, *Little Boy* incluida. Si la geoingeniería avanzase a sólo una fracción de ese ritmo, cuesta imaginar de qué tecnologías podríamos disponer para contrarrestar el dióxido de carbono de la atmósfera. Incluso con la tecnología actual, una intervención en materia de geoingeniería orientada más específicamente posiblemente sería capaz de multiplicar su eficacia por un millón.

Las similitudes con el aumento de potencia de las bombas nucleares son asombrosas. También existe una diferencia importante: tanto los explosivos nucleares como los convencionales destruyen, mientras que la geoingeniería *contrarresta* el dióxido de carbono. Al menos en principio, ese enorme potencial tiene la capacidad de ejercer un bien inmenso.

Promesas y problemas de la geoingeniería

Aparte del coste, muy real, en vidas humanas, cabe suponer que el efecto del Monte Pinatubo sobre las temperaturas globales fue positivo. Si se podían erradicar dos siglos de calentamiento global acumulado por obra de los seres humanos accionando un resorte, ¿por qué no hacerlo?

Ese cuadro tan simple presenta algunos problemas. El Monte Pinatubo hizo disminuir los efectos indirectos, si bien muy reales, del dióxido de carbono en la atmósfera: los 20 millones de toneladas de dióxido de azufre crearon un parasol que redujo la cantidad de radiación solar aproximadamente en un 2% o un 3%. No hizo nada en lo tocante a los efectos directos de la presencia de una mayor cantidad de dióxido de carbono en el aire: el hecho de que la mayor parte de ese dióxido de carbono irá a parar a los océanos, acidificándolos más, ni se puede esperar que una sola erupción volcánica lo solucione todo. Ahora bien, el Monte Pinatubo no sólo no solucionó nuestros problemas, sino que creó más.

Por mucho que a los participantes en la Cumbre de la Tierra de 1992 les regocijara la disminución del calentamiento global promedio, debieron de sentirse perturbados por los bajos niveles de ozono estratosférico que la acompañaron. Si se combina el dióxido de azufre del volcán y otras porquerías con ciertas formas de contaminación que los seres humanos arrojamos a la estratosfera, el resultado es una disminución del ozono estratosférico de la clase que produjo el agujero en la capa de ozono del Polo Sur, con la salvedad de que en tal caso, la disminución del ozono también se produciría en los trópicos.

Por si eso fuera poco, también se culpa invariablemente al Monte Pinatubo de las inundaciones en los márgenes del río Mississippi en 1993 y de sequías en otras partes. La erupción volcánica coincide con el comienzo de un periodo de sequía global asombrosamente largo, que duró aproximadamente un año. Es difícil demostrar la existencia de vínculos directos, pero eso sólo hace más problemática toda la cuestión. Si pudiéramos establecer una conexión directa entre el Monte Pinatubo y las sequías en el África subsahariana, al menos sabríamos identificar la causa. Sin poder establecer esa conexión, las especulaciones se desbocan.

***

¿Y si en lugar de a un volcán todo se debiera a un grupo de científicos que hubieran ideado un experimento con el fin de contrarrestar dos siglos de calentamiento global justo a tiempo para la Cumbre de la Tierra de Río de Janeiro?

En ese caso, cabría esperar que el experimento se hubiese diseñado sin llevar aparejados 200.000 desplazamientos forzosos y 300 muertes. Pero incluso sin estos efectos de más, cuesta imaginar a un comité de ética de una universidad dando su visto bueno a un experimento de este tipo. Ya es difícil obtener el permiso para realizar una simple encuesta por correo electrónico, en la que únicamente se trata de contestar a unas cuantas preguntas inocentes, y no digamos ya si se trata de inyectar nuevas y prometedoras drogas a pacientes cuando éstas pueden tener efectos secundarios negativos. No es difícil imaginar entonces los obstáculos a los que debería enfrentarse cualquiera que pretendiera llevar a cabo la inyección deliberada en la estratosfera de minúsculas partículas diseñadas para reproducir los efectos del Monte Pinatubo con el propósito de alterar el clima global.

Olvidémonos de los comités de ética. Puede que la opinión pública tuviera una o dos cosas que decir al respecto, como debería ser. Incluso si el único efecto del experimento fuera reducir las temperaturas globales de manera perfectamente uniforme sin la menor diferencia regional (algo que resulta no ser el caso), seguiría siendo difícil ponerse de acuerdo en cuál es la temperatura *correcta*.

Si uno vive en Ciudad del Cabo, San Francisco, o en algún lugar del Mediterráneo, goza de un clima poco menos que ideal, o al menos uno de los más estables de toda la Tierra. ¿Para qué modificarlos?

Si uno vive en latitudes más elevadas, unos pocos grados de calentamiento podrían no ser algo tan malo desde el punto de vista individual. ¿Para qué volver atrás?

Y si volviéramos atrás, ¿dónde paramos? Se diría que los

niveles preindustriales son un objetivo razonable. Ahora bien, los niveles actuales también parecerían una opción sensata.

No existe ninguna respuesta *correcta* para ninguna de estas preguntas, más allá de decir que necesitaríamos unas instituciones fuertes y globales y protocolos de gobernanza bien diseñados para tomar esas decisiones de manera que se tuviera en cuenta el abanico más amplio posible de voces, es decir, de la manera más democrática y bien informada posible. Eso es mucho pedir. No tenemos un gobierno global. Al contrario, debemos apañárnoslas con lo que tenemos: con gobiernos fragmentados, un sistema de representación imperfecto y unos procesos de toma de decisiones todavía más imperfectos. Puede que la toma de decisiones en Washington D. C. esté gripada, pero al menos existe un proceso formal para tomarlas. A escala global, ni siquiera se han creado aún las instituciones que nos permitirían debatir estas cuestiones.

Afortunadamente, seguimos estando lejos de tener que tomar decisiones acerca del despliegue de la geoingeniería a la escala necesaria para enfriar el planeta. Por desgracia, la incapacidad de emplear las fuerzas de mercado para lidiar con el calentamiento global nos impulsa inexorablemente en esa dirección, nos guste o no.

Los polizones se encuentran con las iniciativas de gorra del calentamiento global

El cambio climático es un problema porque somos pocos los que lo consideramos como tal. Y quienes lo consideramos un problema, o algo peor, poco podemos hacer al respecto, a menos que consigamos que todos los demás actúen. O bien resolvemos este problema para todo el mundo, o no lo resolvemos para nadie.

En resumidas cuentas, esa es la razón por la que el cambio climático es tan difícil de solucionar. Más allá de gritar para que se pongan en práctica las políticas adecuadas para guiarnos en la dirección correcta, es poco lo que podemos hacer. Entretanto, la abrumadora mayoría de los 7.000 millones de habitantes del planeta somos *polizones*. Nos apuntamos al viaje mientras el viaje sea bueno. No pagamos lo que costaría el pasaje de todos nuestros actos.

Peor aún, la contaminación está subvencionada mundialmente por valor de unos 500.000 millones de dólares anuales. Eso da un promedio aproximado de una subvención de unos 15 dólares por tonelada de dióxido de carbono, gran parte de ella en países ricos en petróleo y en vías de desarrollo como Venezuela, Arabia Saudí y Nigeria, además de China, la India e Indonesia. Cada uno de esos dólares nos aleja un poco más de establecer los incentivos correctos. En lugar de pagar para tener el privilegio de contaminar, se nos paga por contaminar.

Cada vez que nos embarcamos en un vuelo de ida y vuelta de Nueva York a San Francisco, arrojamos aproximadamente una tonelada de dióxido de carbono al aire, parte del cual seguirá allí durante décadas o incluso siglos después del vuelo. Se trata de usted personalmente, no de todo el avión, el cual emite unas doscientas veces más. Y esa tonelada costará alrededor de 40 dólares en daños a la economía, los ecosistemas y la salud pública.

Supongamos hipotéticamente que los 7.000 millones de habitantes del planeta embarcáramos en un avión una vez al año. Supongamos también que cada vuelo causara alrededor de una tonelada de contaminación por dióxido de carbono. (Esto último se aproxima a la realidad si hablamos de vuelos transatlánticos de Europa a Estados Unidos. Lo primero no se aproxima a la realidad en absoluto. En buena medida, viajar en avión, como la mayoría de las demás fuentes de contaminación que causan el calentamiento global, es una actividad reservada a los ricos. Cada año, y a escala mundial, unos 30 millones de vuelos comerciales transportan a unos 3.000 millones de pasajeros. Eso no quiere decir que cada año viajen en avión 3.000 millones de personas distintas. En realidad hay menos de 1.000 mil millones de personas que viajan en avión varias veces al año. No obstante, de momento ciñámonos a la cifra de los 7.000 millones de pasajeros.)

Si 7.000 millones de personas viajáramos en avión, y cada una de ellas generara una tonelada adicional de contaminación por dióxido de carbono, colectivamente estaríamos causando daños por valor de 7.000 millones multiplicados por 40 dólares. Divididos por 7.000 millones, eso significaría que a cada persona le tocaría pagar 40 dólares.

Todo el mundo acaba pagando esos 40 dólares. Sin embargo, a nadie le toca pagar los 40 dólares *que convienen.*

Ahí está el meollo del problema. En lugar de agregar al precio de su billete los 40 dólares de daños correspondientes, usted paga una fracción de una fracción de un céntimo por los daños causados por los vuelos que realizan los demás. Y lo mismo les ocurre a ellos. Cada persona se enfrenta a la misma situación: «Yo viajo, 7.000 millones de personas pagan». Todos soportamos colectivamente el coste de la contaminación, pero nadie tiene que pagar la contaminación por calentamiento global que genera su *propio* uso del transporte. En consecuencia, volamos demasiado y le endosamos a la sociedad unos costes inmensos: 7.000 millones multiplicados por 40 dólares, para ser precisos.

La cifra final es elevada. Sin embargo, nadie se ve incentivado para hacer algo al respecto. Los daños causados por su vuelo, tomados a escala individual —los 40 dólares—, se convierten en la fracción de la fracción de un céntimo para cada uno de los demás 7.000 millones de personas. Nadie se sentirá motivado para ponerse en pie e intentar impedirle a usted que se embarque en el avión, ni siquiera para hacerle pagar de su bolsillo los daños que su vuelo va a causar. La coordinación voluntaria queda excluida. Lograr que siete personas se pongan de acuerdo en algo ya es difícil; conseguir que lo hagan 7.000 millones es imposible. Ahí es donde tienen que intervenir los gobiernos, e incluso en ese ámbito la cooperación planetaria resulta muy difícil.

Hasta aquí todo parece negativo. Pero el problema del polizón sólo representa la mitad del problema.

Es posible que tomar «iniciativas de gorra» sea igual de importante. Ahí es donde la geoingeniería sale a la palestra, y acabamos de nuevo en el Monte Pinatubo. Alrededor de 20 *millones* de toneladas de dióxido de azufre lograron erradicar los efectos de calentamiento global de 585.000 millones de toneladas de dióxido de carbono en la atmósfera. Eso sí que es impacto. También es otra manera de decir que potencialmente sería barato si los científicos pudieran reproducir los efectos del Monte Pinatubo de manera intencionada. Mejor dicho, sería *barato* únicamente desde el punto de vista de los costes de ingeniería directos de transportar 20 millones de toneladas de material hasta la estratosfera, pero no si tuviéramos en cuenta todas sus consecuencias.

***

Puede que detestemos la idea de contrarrestar unas cantidades inmensas de contaminación con todavía más contaminación de otro género. Ahora bien, la solución es demasiado barata como para ignorarla.

Tampoco es que nadie vaya a hacer literalmente lo mismo que el Monte Pinatubo y arrojar veinte millones de toneladas de dióxido de azufre a la estratosfera. Como mínimo, dadas la tecnología y los conocimientos actuales, el azufre probablemente sería administrado en forma de vapor de ácido sulfúrico. Más pronto que tarde, puede que tengamos que vérnoslas con partículas específicamente diseñadas con la finalidad de reflejar tanta radiación solar como se pueda con la menor cantidad de material posible. Podría tratarse de una flota de unas cuantas docenas de aviones volando las veinticuatro horas. Algunos han llegado hasta el punto de calcular cuántos aviones Gulfstream G650 comercialmente disponibles harían falta para transportar los materiales necesarios. Los detalles son demasiado enrevesados. Lo que importa es que los costes totales son bajos, tanto si lo comparamos con los daños causados por el dióxido de carbono como con el coste de evitar esos daños desde el principio por otros medios.

Hay cifras para todos los gustos, y todas ellas se basan en estimaciones, pero la mayoría sitúa los costes directos de ingeniería en un orden de 1.000 y 10.000 millones de dólares anuales. Eso es lo que costaría aplicar la ingeniería para hacer descender las temperaturas hasta niveles preindustriales. No es que sea una bagatela, pero está perfectamente al alcance de muchos países y quizá hasta de algún que otro multimillonario.

Si a lo largo de toda su vida una tonelada de dióxido de carbono emitida en la actualidad cuesta 40 dólares, estaríamos ahora hablando de céntimos por tonelada. Se trata de tres órdenes de magnitud menos, y es la situación exactamente paralela al problema del polizón que generó esta situación. En lugar de que una sola persona goce de todos los beneficios de ese viaje de ida y vuelta y que los otros 7.000 millones paguen fracciones de un céntimo cada una por los daños climáticos que causa una tonelada de dióxido de carbono, ahora es una persona o (más probablemente) un solo país el que puede pagar los costes de geoingeniería de todo el planeta, todo ello potencialmente sin consultar con sus otros 7.000 millones de habitantes.

Bienvenidos al problema de la «iniciativa de gorra».

Si el cambio climático es *la madre de todas las externalidades,* como les gusta decir a los economistas, la geoingeniería es *el padre de todas las externalidades.* El planeta es el niño que está en medio. Cuando mamá dice «no», ve a ver a papá, a ver si él dice «sí», existen bastantes probabilidades de que efectivamente diga que «sí», dado que papá tiene unos incentivos completamente contrapuestos a los de mamá, como en un juego de poli bueno/poli malo a escala planetaria.

La geoingeniería es demasiado barata como para descartarla, tachándola de ser una solución radical desarrollada por científicos fundamentalistas que buscan llamar la atención y conseguir financiación para sus investigaciones, como pretenden algunos. En todo caso, son los científicos más experimentados los que se toman este tema más en serio, y no es porque les apetezca.

Sobre cinturones de seguridad y límites de velocidad

En febrero de 1975, un pez gordo de la investigación biomédica de la época se dejó caer por un pequeño centro turístico costero de Pacific Grove, California, para hablar de normas de seguridad en los laboratorios para la floreciente disciplina de la investigación del ADN recombinante. Aquello parecía muy prometedor, pero también existía un peligro considerable, uno de los cuales, y no el menor, podía ser que al hacer el tema público suscitara una reacción adversa en la opinión pública engendrando protestas, que se negase financiación a los laboratorios y que se clausurasen programas científicos. Según todos los testigos, la reunión fue un éxito. De hecho, la investigación había sido interrumpida con anterioridad debido al clamor público acerca de sus posibles peligros. Desde entonces, la investigación del ADN recombinante nos ha proporcionado, entre otras muchas cosas, la vacuna de la hepatitis B, nuevas formas de insulina y la terapia génica; y a Paul Berg, uno de los organizadores del encuentro de 1975, le valió un Premio Nobel de química.

El encuentro también fue un ejemplo de cómo los científicos pueden y deben presentar públicamente sus investigaciones cuando éstas tienen que ver con cuestiones especialmente delicadas. Antes de la reunión de 1975 en el Centro de Conferencias de Asilomar de Pacific Grove, hasta los propios compañeros de investigaciones de Berg le pidieron que interrumpiera su labor debido al temor a riesgos biológicos que pudieran causar cánceres a los técnicos de laboratorio o cosas peores. El «proceso de Asilomar» reafirmó a los científicos y contribuyó a orientar la política científica durante décadas.

Hoy en día casi resulta cómico tener que creer que una sola reunión como esa, entre unas cuantas docenas de biólogos, un puñado de médicos y algún que otro abogado pudiera aplacar tanto a la ciudadanía como a los responsables políticos, de manera que hicieron lo mejor para la ciencia. No es difícil imaginar las teorías sobre conspiraciones que hubieran podido surgir. Los titulares de prensa y los editoriales prácticamente se redactan solos:

> «¿Hasta dónde han de llegar para que sea demasiado? ¿Deberían los científicos ponerse sus propios límites?»
> «El Mundo Feliz donde se clonan nuestros genes.»
> «Clonar el planeta: ¿quién decide?»

El último de estos titulares, de hecho, se utilizó realmente. El *New Scientist* lo empleó para un artículo titulado «Asilomar 2.0». Al menos, así es como los organizadores quisieron que se conociera. En marzo de 2010, destacados climatólogos, geoingenieros en ciernes, unos cuantos periodistas y algún que otro diplomático y ecologista, se concentraron en las instalaciones de Asilomar para intentar reavivar el espíritu de 1975. Fue una congregación para presentar las promesas de otro ámbito floreciente de la investigación científica y que también tenía muchos números para suscitar reticencias: la geoingeniería.

La frase inaugural de uno de los organizadores marcó el tono de la conferencia: «Muchos de nosotros desearíamos no estar aquí». La mayoría de los científicos deseaba, por el contrario, que el mundo hubiese escuchado sus consejos y hubiera hecho algo respecto a la contaminación provocada por el calentamiento global décadas antes. El difunto Steve Schneider habló apasionadamente acerca de sus investigaciones en materia climática, que habían suscitado algunas de las primeras reacciones de alarma, y que se remontaban a incluso antes de 1975. Acaba de escribir su propia narración de primera mano, *Science as a Contact Sport: Inside the Battle to Save Earth's Climate* [«La ciencia como un deporte de contacto: metido en la batalla para salvar clima del planeta»]. Y no había acudido allí ni a vender ni a firmar libros. Había ido a lamentar el hecho de que las cosas hubieran llegado a ese punto. Todos los científicos que tomaron la palabra iniciaron sus intervenciones diciendo que los «ya se lo advertimos» eran agridulces. La declaración final de la reunión comenzó con un «compromiso en firme para mitigar las emisiones de gases de efecto invernadero», abordando la raíz del problema desde el comienzo sin ambigüedades.

Este es el punto en el que nos encontramos. Algunos de los climatólogos más serios consideran la geoingeniería como una opción, no porque les apetezca, sino porque muy bien podría ser nuestra única esperanza de evitar una catástrofe climática. Los remedios del tipo Monte Pinatubo han sido objeto de abundante atención últimamente precisamente por ese motivo.

Esos mismos científicos también subrayan uno de los problemas fundamentales que surgen cuando se habla de geoingeniería. A medida que nos vemos absorbidos por el problema de las «iniciativas de gorra», inevitablemente pasamos menos tiempo intentando resolver el problema del polizón. En la vida unas cosas compensan otras. Si uno pasa casi toda su jornada laboral preocupándose por lanzar minúsculas partículas de base sulfurosa a la atmósfera, entonces no va a pasar todo ese tiempo preocupándose por cómo extraer de ella el carbono. Ese es el auténtico *quid pro quo* al que se enfrentan los científicos.

El mismo problema se plantea fuera del laboratorio: ¿para qué reducir las emisiones si sabemos que los últimos adelantos tecnológicos pueden solucionar el problema sin que tengamos que cambiar de costumbres? La respuesta más clara es que en realidad la geoingeniería no resuelve el problema. Es posible que pueda tratar alguno de los síntomas. Escojan su analogía favorita. Para el planeta, es como una «quimioterapia» o una «traqueotomía»: un intento desesperado de hacer lo que la prevención y todas las demás clases de tratamiento han sido incapaces de lograr.

Para una analogía más próxima al cambio climático, la geoingeniería se parece a lidiar con temperaturas más elevadas y otros efectos climáticos. Pese a que hoy en día nadie discutiría la necesidad de adaptarse al calentamiento global ya inevitablemente incorporado al sistema, no hace demasiado tiempo que los ecologistas advirtieron en contra hasta de pronunciar la palabra *adaptación* en voz demasiado alta. Les preocupaba que hacerlo desalentara de entrada los esfuerzos para reducir el dióxido de carbono.

Ponerse el cinturón de seguridad hace que algunos conductores se sientan tan seguros que conducen de forma más temeraria. Ahora bien, difícilmente podría considerarse eso como un argumento en contra de la norma que obliga a utilizarlo. Simplemente significa que también tenemos que establecer (e imponer) límites de velocidad. En otras palabras, limitar las emisiones de carbono.

***

Si la perspectiva de inyectar millones de toneladas de minúsculas partículas diseñadas artificialmente en la estratosfera del planeta para crear una especie de escudo solar no le asusta, es que no ha estado usted prestando atención. Aunque eso es lo habitual. El gurú de las encuestas climáticas, Tony Leiserowitz, de la Universidad de Yale, ha preguntado a los norteamericanos: «¿Cuánto han leído u oído ustedes decir acerca de la geoingeniería como posible respuesta al cambio climático?». La inmensa mayoría, el 74%, respondió: «Nada». Del otro 26% que ha oído la palabra en cuestión, sólo el 3% sabía lo que quería decir.

Nada de eso significa que no debamos tomarnos en serio la geoingeniería. Puede que estemos superando ya tantos momentos críticos en materia de cambio climático que esta clase de *quimioterapia* planetaria resulta ya necesaria como plan B. Como mínimo, deberíamos averiguar cuáles son sus plenas consecuencias. No podemos esperar a ver si sucede lo mejor, ni podemos esperar que el efecto «iniciativa de gorra» nunca se manifieste en toda su plenitud.

Enfriar el planeta de manera lenta o rápida

La geoingeniería inspirada en el Monte Pinatubo tiene sus atractivos, en buena parte porque promete ser rápida, barata y potente. Ahora bien, no es la única solución en materia de geoingeniería. La idea fundamental es reflejar más radiación solar para que ésta vuelva al espacio. Inyectar minúsculas partículas de base sulfurosa en la estratosfera es sólo una manera de lograrlo, y es una de las más atrevidas.

Otra que se propone a veces es pintar los tejados de blanco. La lógica subyacente se resume en por qué los abrigos invernales tienden a ser negros, y el blanco se pone de moda a partir de Semana Santa. El negro absorbe el calor; el blanco lo refleja. Esa es una de las razones por las que la fusión del hielo del mar Ártico resulta tan desconcertante. En lugar de que unas superficies blancas reflejen los rayos solares y los devuelvan al espacio, las aguas y las superficies más oscuras tienden a absorberlos, lo que engendra círculos viciosos que calientan aún más el planeta. Los ubicuos tejados blancos de algunas partes del Mediterráneo contribuyen a la formación de agradables microclimas. Algunas propuestas pretenden que reproduzcamos ese efecto en áreas urbanas de otras latitudes. En teoría todo suena muy bien, pero existen al menos tres inconvenientes.

Para empezar, antes de emprender ese rumbo, deberíamos saber con certeza cuáles serían sus consecuencias. Los tejados blancos reflejan más luz, pero lo hacen en la superficie del planeta. La luz solar reflejada no regresa íntegramente al espacio, sino que choca con el hollín y todo tipo de partículas y otros contaminantes del aire, lo que posiblemente agrave las cosas aún más en algunas ciudades contaminadas.

En segundo lugar están las cuestiones de escala. Aunque pintáramos absolutamente todos los tejados de color blanco, globalmente, eso seguiría teniendo aproximadamente una décima parte del impacto que tuvo esa única erupción del Monte Pinatubo por sí sola.

Eso nos lleva a la tercera cuestión fundamental: pintar millones de tejados tiene las propiedades exactamente contrarias a remedar el Monte Pinatubo. Intentar lograr que millones de personas hagan algo que posiblemente beneficie al planeta nos remite directamente de vuelta al efecto polizón. Resultaría difícil de coordinar, a menos que pintar los tejados de blanco se autofinanciara, pongamos por caso, mediante la disminución de la necesidad de aire acondicionado. Será tanto más difícil si va acompañado de costes reales (y si carece de toda compensación directa).

Existen multitud de opciones a medio camino entre las inyecciones sulfúricas estilo Monte Pinatubo y pintar los tejados de blanco. Una de las que se mencionan más a menudo es la creación de nubes artificiales o hacer más luminosas las que ya existen. Imaginémonos una flotilla de naves de aspecto futurista guiadas por satélite rociando los aires para formar nubes. Eso ya no depende de que millones de nosotros hagamos lo que hay que hacer. Tampoco inyectarían nada en la estratosfera que pudiera venir devuelto transformado en contaminación. Lo único que haría falta es vapor de agua y, en efecto, algunas propuestas serias han investigado esta posibilidad. En resumidas cuentas: *podría* dar resultado, con el énfasis en *podría.* Unas nubes más luminosas podrían reducir las temperaturas promedio, y sus efectos incluso podrían dirigirse a regiones concretas.

Una intervención regionalmente dirigida podría contribuir a evitar algunos de los problemas que presenta la geoingeniería del tipo Monte Pinatubo, que es más global. Ahora bien, podría haber abundantes efectos colaterales desagradables de enormes consecuencias. Puede que el monzón indio sea *sólo* un fenómeno regional, pero de ese fenómeno regional dependen el agua y la alimentación de un país de más de 1.000 millones de habitantes.

Como siempre, se trata de evaluar los pros y los contras. El cambio climático tendrá abundantes efectos secundarios desagradables. De lo que se trata, por tanto, no es de saber si por sí sola la geoingeniería podría hacer estragos (sí, podría). La cuestión es si el cambio climático más la geoingeniería sería mejor o peor que el cambio climático sin atenuantes.

Una cosa está clara: lo que se pueda ganar en precisión con cualquier método regional de geoingeniería se pierde en potencia. Puede que hacer más luminosas las nubes sea más barato que evitar la contaminación por dióxido de carbono desde el principio, pero sus resultados tienen límites. La geoingeniería del tipo Monte Pinatubo tiene una potencia mucho mayor y, por tanto, un impacto de conjunto mucho mayor, tanto para lo bueno como para lo malo.

***

Todos estos métodos de geoingeniería —ya sean del tipo Monte Pinatubo, pasando por hacer más luminosas las nubes y pintar los tejados de color blanco— tienen una cosa en común: no afectan al dióxido de carbono ya presente en el aire, lo que los convierte en potencialmente baratos. También significa que evitan abordar la raíz del problema.

Aquí es donde entra en escena la «extracción de dióxido de carbono», también conocida como «captura directa de dióxido de carbono». Tiene, a su vez, varias modalidades. La «captura aérea» extrae el dióxido de carbono del aire y, por ejemplo, lo almacena bajo tierra. La «captura» y el «almacenamiento» impiden que el dióxido de carbono ingrese en la atmósfera desde el principio, eliminándolo de las chimeneas y tratándolo de manera que no vuelva a entrar en el aire. La «fertilización de los océanos» hace exactamente lo que su nombre indica: arrojar hierro u otros nutrientes a las aguas superficiales para convertirlas en entornos más fértiles para la absorción de dióxido de carbono. «Biochar» es un término rebuscado para el carbón vegetal y puede tener efectos semejantes a los otros métodos: extraer dióxido de carbono del aire e impedir que regrese a él. Hasta los árboles podrían formar parte de esa categoría, pues extraen carbono de la atmósfera de forma natural a medida que crecen. Es más, a menudo los seres humanos no tienen que hacer mucho más que quitarse de en medio. La naturaleza se ocupa de la reforestación en muchos casos, siempre y cuando no haya injerencias.

Existen diferencias de opinión en torno a la eficacia de todos estos métodos. También hay discrepancias acerca de si habría que agruparlos todos bajo la rúbrica «geoingeniería» o no. Son métodos de geoingeniería, en el sentido de que alguien tendría que intentar manipular la atmósfera terrestre a gran escala. Ahora bien, lo que se debate precisamente es la magnitud de esa manipulación.

La mayoría de estos enfoques se topan inmediatamente con el problema del polizón. O bien hace falta coordinar las acciones de millones de personas para que tengan repercusión, o bien es necesario que aparezca una sola persona dispuesta a invertir la gran cantidad de dinero necesario, lo que es muy improbable. En otras palabras, pocos de estos enfoques comparten las propiedades que hacen de la geoingeniería del tipo Monte Pinatubo algo tan singular. Son mucho menos potentes. A menudo son caros. Son lentos. Es más, de entrada tienen una mayor semejanza con la reducción de las emisiones de carbono que con la geoingeniería.

Por supuesto, no estamos diciendo que no haya que plantearse ninguno de ellos. Deberíamos plantar más árboles, con independencia de su impacto climático. Lo mismo cabe decir de pintar los tejados de blanco y de reducir el gasto en aire acondicionado. Ahora bien, eso no significa que debamos meter estos métodos en el mismo saco que la geoingeniería del tipo Monte Pinatubo, ya se trate de pintar tejados de blanco como de cualquier tipo de «extracción de dióxido de carbono» (plantar árboles, fertilizar los océanos o capturar dióxido de carbono en las chimeneas). Todos esos métodos son importantes, pero ninguno se encuentra en la misma categoría que lanzar azufre u otras partículas minúsculas directamente a la estratosfera.

Adicción a la velocidad

A todo el mundo le sabe amarga su primera taza de café, por mucha leche y azúcar que le añada. La segunda puede resultar ya un poco más agradable. Cuando vamos por la vigésima, puede que pensemos que no estamos enganchados y que podemos prescindir fácilmente de la vigésimo primera y la vigésimo segunda. En la vigésimo tercera es cuando descubrimos el *cappuccino*. Y hagamos lo que hagamos, cuando vamos por la centésima taza de nuestra vida, estamos enganchados. Ya no es posible dejarlo.

Remedar el Monte Pinatubo para enfriar el planeta sigue una pauta similar. Es muy posible que los primeros intentos de poner en práctica la geoingeniería fracasen. Cuando vayamos por el vigésimo tal vez nos apetezca ya dejarlo una temporada. Al llegar al vigésimo tercero descubriremos una tecnología más refinada, y más pronto o más tarde será imposible parar.

Los problemas de la geoingeniería tienen que ver con su alcance global. La componente adictiva es una faceta adicional que hace aún más preocupante la geoingeniería del tipo Monte Pinatubo.

En 1991, el Monte Pinatubo anuló 0,5 °C de calentamiento. Cuando la mayor parte del dióxido de azufre restante del Monte Pinatubo había sido eliminada de la atmósfera dos años después, los efectos de enfriamiento del volcán se desvanecieron, las temperaturas recuperaron esos 0,5 °C y después continuaron aumentando.

A estas alturas, las temperaturas han aumentado en 0,8 °C desde tiempos preindustriales. Si quisiéramos borrar esa diferencia recurriendo a la geoingeniería y de repente tuviéramos que parar, las temperaturas acabarían recuperando esos 0,8 °C. Al llegar al año 2100, es posible que las temperaturas hayan aumentado entre 3 y 5 °C si no hemos restringido muy severamente las emisiones mucho antes. Los científicos no saben qué sucedería en caso de producirse un salto de 0,8 °C. Están bastante seguros, en cambio, de que un salto de entre 3 y 5 °C crearía problemas graves. Un calentamiento paulatino de entre 3 y 5 °C antes de llegar el siglo que viene ya sería malo de por sí. Un salto súbito, fruto de poner fin abruptamente a las prácticas de geoingeniería, desembocaría en toda clase de complicaciones adicionales. El traslado de grandes zonas agrícolas de Kansas a Canadá sería perturbador en todos los sentidos de la expresión. Ahora bien, hacerlo en el transcurso de un siglo al menos sería posible. Cuesta imaginarse tener que hacerlo en menos de un año o de una década. Y como mínimo, sería exponencialmente más caro.

En tal caso, es posible que el coste en dinero sea la última de nuestras preocupaciones. Un mayor temor bien podría ser que poner fin a una intervención continua del tipo Monte Pinatubo no sería algo aislado: cualquier iniciativa en materia de geoingeniería que queramos llevar a cabo a escala global y sostenida exigiría unos sistemas de gobernanza global casi sin precedentes. Es fácil imaginarse el desmoronamiento de algo así por toda clase de razones.

Una de ellas podría ser la guerra. Bastaría con la volubilidad política corriente y moliente. Un cambio de régimen en cualquier parte podría hacer peligrar el acuerdo global, lo que bien podría desembocar directamente en la guerra otra vez. Dado que los ejércitos de todo el mundo ya consideran el calentamiento global como una amenaza para la seguridad nacional, más vale que el mundo se vaya preparando para todas las eventualidades. Bien podría ser que la componente adictiva de la geoingeniería del tipo Monte Pinatubo y su vulnerabilidad frente a las interrupciones fuera el mayor de sus problemas.

Caminar antes de correr, e investigar antes de aplicar

Por suerte, ni siquiera estamos próximos a que nadie proponga en serio aplicar la geoingeniería a gran escala. Hasta David Keith, el autor de *A Case for Climate Engineering*, dice que él no votaría a favor en estos momentos. De todas formas, sí hemos superado el momento en que la gente seria, Keith entre ellos, propone *investigar* en temas de geoingeniería.

Asilomar 2.0 estaba rebosante de investigadores e ingenieros que investigan activamente el *cómo*, de ahí su deseo de sentar directrices acerca de cómo avanzar en sus investigaciones. Ya hay muchas opiniones puestas encima de la mesa del laboratorio. Los investigadores quieren saber hasta dónde pueden llegar a la hora de poner a prueba y refinar sus métodos.

Uno de los grandes obstáculos a la investigación con el planeta entero como sujeto experimental es discernir cuándo se capta una señal entre el ruido. Cuanto mayor es el experimento, más fácil resulta detectar sus efectos. Ahora bien, las barreras que separan la investigación de su aplicación se difuminan enseguida. Hasta el estudio de los efectos plenos del Monte Pinatubo ha resultado difícil precisamente a cuenta de la cuestión señal o ruido. Arrojar veinte millones de toneladas de dióxido de azufre a la atmósfera supone una perturbación de primer orden. Está claro que pocas otras cosas podrían haber contribuido al efecto de enfriamiento global de 0,5 °C a lo largo del año siguiente. De manera semejante, unos mecanismos atmosféricos razonables podrían explicar de qué manera añadir dióxido de carbono y luego bajar un poco la luz solar mediante la geoingeniería supondría menos precipitaciones en todo el globo. Por sí solo, eso explicaría una mayor probabilidad de sequías. No obstante, y a pesar de los progresos generales de la ciencia de la atribución, vincular sin género de dudas una inundación o sequía concretas a una intervención específica de geoingeniería es enormemente difícil.

Pérdidas, ¿y qué?

La opinión pública no reacciona bien ante los errores y las consecuencias inesperadas. Y la geoingeniería rebosa de posibilidades de error. Ahora bien, no todos los errores son iguales.

Existe una gran diferencia entre los errores por omisión y por comisión. Pasar de largo delante del lugar donde se ha producido un accidente de automóvil es feo, pero no tanto como haberlo provocado uno mismo.

Pasar de largo es omisión de socorro. Puede que sea ilegal para cualquier persona que ostente el título de doctor en medicina, el cual va acompañado de ciertos privilegios pero también acarrea determinadas responsabilidades. Sin embargo, hasta los médicos juran sólo «no hacer daño». No se comprometen a salvar a todos los seres humanos en todas partes.

El error por obrar de una determinada manera es peor. Causar accidentes es malo, se mire como se mire.

Estudiar los efectos de la erupción del Monte Pinatubo es una cosa. El daño ya está hecho. Nadie podría haber impedido la erupción. Y ha resultado ser la gran erupción volcánica mejor estudiada de todos los tiempos. Aprovechémoslo en lo que pueda valer. (No estudiarla al máximo podría constituir un error de omisión.)

Es igual de fácil simular intervenciones del tipo del Monte Pinatubo en un ordenador. Resulta barato e inocuo. Lo peor que podría suceder en la práctica es que desviara la atención de los esfuerzos de quienes apuntan a limitar las emisiones de dióxido de carbono. Que un estudiante de posgrado pase un tiempo extra el sábado en el laboratorio haciendo una simulación más es muy poco dañino.

Sería muy distinto que los científicos salieran a experimentar *intencionadamente* con la atmósfera. Entonces estaríamos en el ámbito del *obrar*, y justamente en un campo especialmente delicado .

Quizá no sea sensato ligar la pérdida de una cosecha a un pequeño experimento realizado en la otra punta del mundo que apenas genera datos suficientes como para identificar la señal entre todos los demás ruidos climáticos, pero en realidad eso no es lo que importa. Ante el tribunal de la opinión pública, la carga de la prueba recaerá sobre los que realizaron el experimento.

***

Volvamos brevemente al pasado para tratar de poner todo esto en perspectiva. El efecto invernadero es un hecho científico conocido desde el siglo XIX. El término *calentamiento global* circula desde 1975. Hace décadas que la ciencia en que se fundamenta quedó demostrada. No tenemos ninguna excusa para pensar que utilizar la atmósfera como una alcantarilla para nuestras emisiones de carbono no sea antieconómico, poco ético o algo peor. Todos nosotros, los 7.000 millones de habitantes del planeta —sobre todo los 1.000 millones de máximos emisores—, actuamos mal todos los días. Los efectos de nuestras acciones colectivas podrían acabar siendo catastróficos y podrían acabar matando a gente. Ninguna persona aislada es culpable de ninguna muerte relacionada con el cambio climático, pero colectivamente lo somos todos.

Comparemos esto ahora con un grupo de científicos comprometidos con encontrar una salida al berenjenal del calentamiento global. Entienden la ciencia subyacente. Comprenden que el efecto polizón desalienta a la sociedad de actuar a tiempo para restringir las emisiones. Comprenden que el espejismo del efecto «iniciativa de gorra» nos está conduciendo hacia una «solución» que es un apaño, pero seductor. Se esfuerzan por entender si y cómo podría funcionar ese apaño, cómo podría lograrse que fuera seguro para que el planeta se plantee siquiera su uso.

No estamos tratando de excusar ninguna clase de mala praxis científica. Como en todas las profesiones, en el mundo de la ciencia abundan los inadaptados, los mercenarios y los misioneros malintencionados. No debería considerarse a todos los geoingenieros en ciernes como unos héroes, pero cuando menos tampoco habría que considerarlos a todos como unos villanos como los de las películas de James Bond, hasta que se demuestre lo contrario. Los propios científicos están tratando de orientarse, como ha dejado claro el encuentro Asilomar 2.0 y muchas otras iniciativas similares. Saben que esto no lo pueden hacer solos, ni aunque quisieran. Y la mayoría de ellos no quieren.

Una propuesta casi práctica

Una de las propuestas más sensatas acerca de qué paso debería ser el siguiente procede directamente de David Keith, y empieza con la palabra *moratoria.*

Se trata de una opinión con mucha enjundia. Los propios científicos tienen que darse cuenta de que existe un claro peligro de que la ciencia se adelante al debate público. La única forma de impedirlo sería imponiéndose una moratoria. En «End the Deadlock on Governance of Geoengineering Research», Keith, junto con Ted Parson, propone orientar la investigación en geoingeniería siguiendo tres simples pasos:

> Primero, aceptar que tienen que existir límites.
> Segundo, declarar una moratoria total sobre todas las investigaciones más allá de ciertas dimensiones.
> Tercero, establecer un umbral claro y muy reducido por debajo del cual se pueda seguir investigando.

En cierto sentido, estos tres pasos no hacen sino formalizar la progresión natural de toda investigación: principios modestos; experimentación; evaluación y paso al siguiente desafío. Declarando semejante *moratoria* pública se espera que al menos los experimentos menores serían aceptables. Por supuesto, todo depende de dónde se ponga el límite. Parson y Keith no han concretado dónde está ese «umbral claro y muy reducido». Sin duda, debe de ser muy reducido: el cero es un buen punto de partida.

A todo esto, también tenemos que darnos cuenta de que estamos ya arrojando cantidades enormes de contaminación a la atmósfera, entre ellas las mismas sustancias que algunos geoingenieros proponen emplear para ayudar a enfriar el planeta. Una cosa son las investigaciones que tienen efectos similares a los de las turbinas de un avión. Pero las investigaciones lo bastante importantes como para tener repercusiones más allá de estos estrechos confines son claramente imposibles. En cualquier caso, la meta tiene que ser una comprensión mucho mejor del conjunto de beneficios y costes, sobre todo de los costes de la geoingeniería.

El hecho de que la geoingeniería del tipo Monte Pinatubo plantee un problema del tipo «iniciativas de gorra» significa que más pronto o más tarde será difícil mantener cualquier moratoria . Mientras en el planeta sólo haya una docena aproximada de geoingenieros, todos ellos se conozcan y se respeten, y todos estén de acuerdo sobre la importancia de no permitir que la ciencia se adelante a la ciudadanía, perfecto. Ahora bien, no sería descabellado que en alguna parte existiera algún científico que quisiera dejar su huella y aventurarse él solo.

Queda aún otra pregunta más crucial por contestar. ¿Moratoria para qué? Puede que acabemos teniendo que celebrar un debate para poner fin a la moratoria. ¿Y entonces qué? ¿Cómo lo decidiremos? ¿Y quién lo decidirá?

Capítulo 6
007

Comienza a sonar la banda sonora. Un sosias de Sean Connery entra en el bar y se bebe un Martini de un trago. Permanece tranquilo mientras en torno a él el bar se sume en el caos tras una explosión posiblemente causada (o no) por el propio señor Bond.

Hombre sentado ante la barra: Dentro de una hora sale un avión para Miami.
Bond: Estaré a bordo. Pero primero tengo que atar algunos cabos sueltos.

***

Escena de dormitorio. Plano de complejo vacacional de lujo en Miami Beach. Palmeras. Piscina infinita que da al mar. En otros tiempos, la piscina infinita descollaba sobre el mar incluso con marea alta. Ahora unas tormentas prácticamente semanales la llenan de agua de mar.

Propietario: No se imagina lo que nos están costando estas tormentas. Y tenemos que permanecer cerrados dos semanas todos los años, en plena temporada alta. Esto no puede seguir así.
Político: Cuéntemelo a mí. Todo el distrito está sufriendo. El año pasado desaparecieron tres calles con sus casas. Los contribuyentes más ricos se han mudado. Se han trasladado más arriba, a donde Miller. Yo soy historia. Le suplico que no se mude. Se lo suplico.

Propietario: Yo no voy a ninguna parte. No soporto a Miller. No se preocupe.

Pausa prolongada.

Propietario: Sólo una cosa más…

***

Cuartel General del Servicio Secreto británico. Bond repasa unas gráficas con su jefe, M.

M.: Ahí está el problema. Podría hacer mucho bien. Imaginemos la erradicación de dos siglos de calentamiento global, y que las temperaturas regresaran a donde estaban antes de que empezáramos a quemar carbón en masa. Pero en las manos equivocadas, es un arma.
Bond: ¿Coste?
M.: Insignificante, por lo menos para este tipo.
Bond: Pero, ¿por qué hacerlo?
M.: Dinero. Siempre es por dinero. Ha estado comprando complejos vacacionales en primera línea de playa a precio de chatarra…
Bond: … mientras todos los demás huyen tierra adentro. Qué listo, el muy hijo de puta.

***

Cambio de escena y plano de una habitación de paneles de madera en la planta 122 del cuartel general de las Naciones Unidas en Abu Dhabi, Emiratos Árabes Unidos, fortificado por el rompeolas más potente del mundo para contener la subida del nivel del mar. Los líderes de las veinte naciones más poderosas del mundo debaten cómo responder a Indonesia, que el año anterior se descubrió que estaba experimentando con lo que desde entonces se viene llamando «Pinatubo Dos»: la reproducción del efecto de enfriamiento global del Monte Pinatubo mediante la inyección deliberada de azufre en la estratosfera.

Secretario de Estado estadounidense: Esto carece de todo fundamento legal.
Indonesia: Llevamos ya más de una década en estado de urgen-

cia. Desaparecen tierras. Se pierden cosechas. Sólo el año pasado murieron treinta mil personas, y otros dos millones tuvieron que ser desplazadas, todo debido a unas tormentas cada vez mayores y al aumento del nivel del mar.
India: Refugiados climáticos.
Estados Unidos: ¿Cómo dice?
Indonesia: Refugiados. Refugiados climáticos. Más de cien islas abandonadas, y decenas de miles de refugiados.
Estados Unidos: De acuerdo. Entonces, ¿en qué punto estamos ahora?
Indonesia: Hemos concluido la segunda fase de nuestro programa de investigación en tres fases: llevar hasta la estratosfera cada vez más aviones cargados con mayor cantidad de vapor de ácido sulfúrico. Todo se ha realizado de acuerdo con los requisitos internacionales más exigentes. Alumnos de doctorado del campus de ustedes, Harvard Yakarta, nos están ayudando a analizar los datos. La financiación procede de nuestra Fundación Nacional para la Ciencia. Algunos de los mejores expertos del mundo están actuando como asesores externos. Estábamos a punto de poner en marcha la fase tres, despliegue total...
Estados Unidos: ... pero una fuga de información desveló el proyecto. Alguien que está fuera de control robó los documentos pertinentes y ha cuadruplicado la dosis de ácido sulfúrico. Y todo eso lleva sin detectarse casi un año. Sí, sí, pero ¿alguna novedad?
Indonesia: Acaban de entrar los primeros datos.

El representante indonesio señala una gráfica, que se parece estrafalariamente a un palo de hockey tendido en el suelo con la pala apuntando hacia el cielo: pequeñas cantidades de minúsculas partículas de azufre en la estratosfera enfrían las temperaturas globales un poco; las dosis más elevadas provocan reacciones significativamente mayores.

Indonesia: Hay algo que sencillamente no comprendemos. Después de triplicar la dosis se produce un punto de ruptura. Sencillamente no aparece en las gráficas.
Estados Unidos: ¿Están seguros?
Indonesia: Lo bastante seguros como para haberles convocado aquí a todos ustedes. Desde entonces, lo hemos dejado. No vamos a lanzar más azufre al espacio. Pero alguien nos ha tomado la delantera.

La cámara se aleja. Prosigue el debate.

***

Entretanto, en el cuartel general del Servicio Secreto Británico, Bond y M. observan una grabación en vídeo del debate.

Bond: ¿Y ahora estamos hablando de diez veces esa cantidad?
M.: Diez veces la dosis original de azufre inyectada en la estratosfera.
Bond: Y es imposible saber quién es porque a nivel planetario son demasiados los operadores de vuelo privados que podrían estar haciéndolo por su cuenta.
M.: Así es. Pero...
Bond: ¿Pero?
M.: Pero tenemos una pista.

***

El avión de Bond aterriza en Río de Janeiro, Brasil. Se registra en el hotel y contesta al teléfono nada más entrar en la habitación.

Bond: Excelente. Veintidós horas. Bar de la planta superior.

***

Bar de la planta superior. El reloj de la pared marca las 22:00 h. Entra Bond.

Bond: Dos aviones. Bien hecho.
Carioca: Aviones privados.
Bond: ¿Estado de los aviones?
Carioca: Perfecto. Último modelo. Funcionando perfectamente.
Bond: ¿Pero?
Carioca: No tienen asientos ni mobiliario de ninguna clase. Nada. Sólo...
Bond: ... una trampilla.
Carioca: Hay que ver la de molestias que se toman los criminales de hoy en día para deshacerse de los cadáveres.

Bond mira a lo lejos y apura su bebida. Travelling hacia el reloj: 22:02 h.

Bond: Ha sido un placer.

***

Vista aérea del complejo vacacional de Miami Beach de la escena inicial. El propietario habla con la plantilla pero le interrumpe una llamada de teléfono.

PROPIETARIO: ¿Cuántos? ¿Dos? Ah, doscientos. Llámame cuando haya novedades.

***

Nosotros no hemos sido los primeros en llamar la atención sobre la posibilidad de que un *Greenfinger*[1] ponga en práctica una solución tipo Monte Pinatubo por su cuenta. El politólogo David Victor acuñó el término precisamente para describir esa posibilidad. Puede que parezca tan inverosímil como una de las novelas de Ian Fleming sobre el espía de ficción más conocido del planeta, pero no resulta del todo descabellado.

Alerta *spoiler*: el acaudalado propietario ficticio del hotel resulta estar detrás de un plan global para amañar un proyecto de geoingeniería bien intencionado, controlado por expertos y apadrinado por Indonesia. Quizá resulte imposible imaginar cómo alguien podría sustraer tanto azufre sin ser detectado, o si las pequeñas partículas elegidas en ese hipotético momento futuro siquiera tendrían una base de azufre. Dejemos esta cuestión en manos de los guionistas.

También existen muchos interrogantes políticos y de todo tipo. ¿Habría intervenido el Consejo de Seguridad modificado (de veintidós miembros) antes de que Indonesia fuera siquiera capaz de llevar a cabo su experimento Pinatubo Dos durante casi una década? ¿Podría haberlo llevado a cabo de manera desapercibida? ¿Habría sido condenado públicamente pero tolerado y hasta bien acogido en privado?

---

[1] Alusión al largometraje de aventuras de James Bond, agente 007, *Goldfinger*. (*N. del t.*)

Hay unas cuantas cosas que están claras. Depositar millones de toneladas de partículas de sulfato en la estratosfera mediante aviones volando a grandes altitudes está perfectamente al alcance de un solo país, sobre todo de uno del tamaño de Indonesia. La motivación estaría igualmente clara. Suele utilizarse el ejemplo de Bangladesh para ilustrar el caso de un país de tierras bajas que desaparecería a raíz del aumento del nivel del mar. Se producirían éxodos de decenas de millones de personas. Decenas de millones más dependen de ríos que recorren Asia oriental. Millones de personas dependen de diversos patrones climáticos que han permanecido relativamente estables durante milenios y que han permitido la existencia de la civilización tal como la conocemos hoy. Si se trastornaran esas pautas, bien podría desencadenarse el deseo de intervenir. Los consejeros de seguridad nacional de Bangladesh, de Indonesia, de la India o de China estarían incumpliendo sus obligaciones si no tuvieran en cuenta esa posibilidad.

No hace falta que señalemos con el dedo a un país en concreto; cualquier país grande —en vías de desarrollo o no— dispondría de la capacidad técnica necesaria. Puede que sea prácticamente imposible que la Agencia de Protección Medioambiental estadounidense dé el visto bueno a un método de geoingeniería concreto. Hasta puede que sea imposible lograrlo en una democracia como la India o Indonesia (o no). Lo que importa es que no es inconcebible. El efecto iniciativas de gorra poco menos que garantiza que algún día sucederá.

Guerras climáticas

Podemos jugar a toda clase de juegos teóricos de ir de acá para allá para ver dónde podrían acabar las piezas. Imaginémonos que el cambio climático perturbe el monzón indio y, por tanto, la fuente de alimentación de decenas de millones de personas del subcontinente indio. La geoingeniería, a su vez, podría perturbar las vías fluviales de Asia oriental y, por consiguiente, la fuente de alimentación de decenas de millones de chinos. ¿Qué pasaría si optimizar la geoingeniería para la India perjudicase a China y viceversa? ¿Querríamos un pulso por la geoingeniería entre dos potencias nucleares, cada una de ellas con más de 1.000 millones de habitantes?

¿Y si existieran tecnologías tipo Monte Pinatubo para enfriar el planeta, y antídotos igualmente eficaces para calentarlo? De hecho, estas tecnologías de calentamiento veloz ya existen. Algunos gases de producción industrial, como los hidrofluorocarbonos (HFC), tienen un potencial de calentamiento a corto plazo entre 100 y 10.000 veces superior al del dióxido de carbono.

Imaginémonos un panorama en el que un país amenaza con contrarrestar cualquier tentativa de geoingeniería unilateral. Cumplir con esa amenaza seguramente supondría un desenlace peor para todos los afectados: la suma de la geoingeniería más la contrageoingeniería podría equilibrar las temperaturas globales, por muy imperfectamente que lo hiciera. Sin embargo, es probable que ambas estuvieran acompañadas de su propia panoplia de desagradables efectos secundarios, que probablemente no se anularían entre sí. En todo caso, las minúsculas partículas de base sulfurosa podrían interactuar con los HFC de formas completamente imprevisibles.

También cabe imaginar respuestas no lineales. Diez veces la dosis, mil veces la respuesta —el ejemplo utilizado en el complot Greenfinger— no es algo tan descabellado como pueda parecer. No sabemos cuál es la potencia de la geoingeniería a esos niveles extremos. Ahora bien, no resulta difícil imaginar una situación en la que una gran disminución de la radiación solar total pudiera resultar en disminuciones de la temperatura hasta alcanzar niveles inferiores a los niveles preindustriales. El calentamiento global desbocado es malo. La creación de una edad de hielo artificial tampoco sería como para lanzar las campanas al vuelo.

El azufre no tiene sexo

Se trate de una ficción estilo James Bond o no, una cosa sí está clara: la geoingeniería requiere la intervención humana. Las partículas sulfatadas no tienen sexo. No se reproducen por sí solas, y por tanto no pueden engendrar ninguna clase de panorama descontrolado en materia de geoingeniería en caso de ser abandonadas a su suerte. Son los seres humanos los que provocan el caos, no la naturaleza. Si dejásemos de arrojar partículas minúsculas a la estratosfera, lo que hubiera allí se eliminaría al cabo de unos meses, y la geoingeniería al estilo Monte Pinatubo no tendría futuro.

Pero incluso ponerle fin a las cosas tiene sus costes. En el caso de la geoingeniería, las analogías con las adicciones son apropiadas. Ahora bien, los temores que se exhibieron en las reuniones Asilomar 2.0 sobre geoingeniería de 2010 pertenecen a una categoría diferente que los que figuraron en las reuniones originales de Asilomar 1975 en torno a la biotecnología. Entonces existía —y sigue existiendo— el temor remoto de que la investigación del ADN recombinante pudiera desembocar de algún modo en la reproducción de organismos que provocasen el caos por sí solos. Hemos expuesto y desechado en última instancia algunas de esas inquietudes en torno a la biotecnología en el capítulo 4, invocando el espectro de la selección natural: es improbable que los científicos aventajen a la naturaleza, que ha probado infinitas combinaciones de ADN por su cuenta. Ahora bien, en la biotecnología por lo menos existe esa posibilidad desde el punto de vista teórico; en la geoingeniería esa posibilidad no existe. Los científicos y los ingenieros del clima tienen muchos motivos de preocupación, pero la reproducción de las partículas no es uno de ellos.

¿Y qué pasaría si la geoingeniería funcionara?

Se pueden pintar todos los panoramas aterradores que se quiera e hipótesis en las que las cosas pueden salir terriblemente mal. Puede que la geoingeniería sea mala. Muy mala. Pero claro, también sabemos que la contaminación tradicional es mala, posiblemente peor aún. Las partículas de sulfatos inyectadas en la estratosfera acaban eliminándose, y con efectos negativos para la salud, matando a miles de personas en todo el mundo. La contaminación tradicional al aire libre, entretanto, matará a más de 3,5 millones de personas este año.

¿Qué pasaría si la geoingeniería funcionara realmente a la hora de reducir algunos de los peores efectos del calentamiento global provocados por el consumo de carbón (y los que todavía están por llegar)? De momento, la mejor respuesta sigue siendo elevar la voz todavía más en pro de la disminución de la contaminación por dióxido de carbono. Punto. Pero a muchos años y décadas vista, quizá habría que considerar otras opciones.

Es un mundo de riesgos

En el meollo mismo del debate sobre la geoingeniería está la distinción entre los errores de omisión y los errores de comisión: la diferencia entre pasar de largo ante el accidente de automóvil y ser quien lo provocó.

La omisión de una política climática sensata suele considerarse algo menos malo que cometer errores a la hora de diseñarla. Evitar que a uno le echen la culpa ocupa un lugar muy destacado en las mentes de los políticos.

Omitir la geoingeniería, entonces, podría ser menos malo que cometer errores a la hora de diseñarla, lo que podría explicar en parte por qué existe tan poca investigación en ese campo.

Esa línea de demarcación no siempre se traza con claridad. En última instancia, lo que constituye un error de omisión y lo que es un error de comisión es algo que depende del punto de vista de cada uno. ¿El mundo actual está cometiendo errores de omisión al no tener unas políticas climáticas sensatas, o estamos cometiendo errores de comisión al contaminar demasiado? Además de eso, existe una cuestión de grado. Si echar a correr para desactivar una bomba de relojería pudiera evitar la muerte de mil personas a costa de matar por el camino a una persona, no está claro que ignorar la bomba a punto de estallar (error de omisión) sea realmente menos malo que causar esa muerte singular (error de comisión). ¿Y qué decir de una proporción de un millón a uno? ¿O de 1.000 millones a uno?

Debe de haber un punto en algún lugar en el intervalo que va de una proporción de 1.000 millones a uno a una proporción de uno a uno en la que los errores de omisión se vuelven tan malos como los errores de comisión. Si la geoingeniería tiene realmente el potencial de salvar o mejorar millones de vidas, puede que en algún momento valga la pena.

Ahora bien, ¿quién decide en qué momento vale la pena? No puede ser un puñado de científicos. Tampoco podemos esperar que ciento noventa y pico de naciones se pongan de acuerdo sobre el rumbo que seguir. Sin duda, alguien intervendrá por cuenta propia antes de que el mundo llegue a ese grado de consenso.

***

No podemos afirmar en qué medida debería aplicarse la geoingeniería. Ahora bien, llevar un poco más allá nuestros razonamientos podría acercarnos algo más a un criterio de decisión, a una regla para responder a esa pregunta.

Si sometiéramos la geoingeniería a voto en la Convención Marco de las Naciones Unidas sobre el Cambio Climático, nos haría falta un voto unánime. En ese organismo, un solo país puede bloquear el progreso. No es de extrañar que el progreso esté congelado. Por el contrario, la Cámara de Representantes de Estados Unidos requiere una mayoría simple. A todos los efectos prácticos, el Senado norteamericano requiere una mayoría de 60:40 para superar las tácticas obstruccionistas y conseguir que se haga algo. Cuando lo que hay en juego es un tratado, esa mayoría es de 67:33. Podríamos celebrar debates interminables en torno a qué regla de votación debería prevalecer para que el mundo decidiera acerca del nivel óptimo de intervención climática.

Nuestra propuesta es distinta: centrarnos en la comparación entre los errores de comisión frente a los errores de omisión. Si creen que un error de comisión es dos veces peor que un error de omisión —o el doble de probable—, la regla de votación ideal requiere una mayoría de dos tercios: 2/(2+1). Si creen que es tres veces peor, esa mayoría sería de tres cuartos: 3/(3+1). Si creen que es cuatro veces peor, la regla de votación tendría que requerir una mayoría de cuatro quintos: 4/(4+1). La pauta está clara.

La derivación matemática que hay detrás de esa fórmula puede ser demasiado compleja para expresarla en palabras, pero la lógica es muy sencilla: si los errores de comisión no son peores que los errores de omisión, adelante con la geoingeniería. Si los errores de comisión pesan mucho, abstengámonos. Más concretamente, antes de seguir adelante con la geoingeniería, exijamos que una mayoría holgada se ponga de acuerdo.

Hay muchas formas de criticar esta fórmula tan sencilla. Primero y ante todo, ¿cabe la posibilidad de que sea un pelín más racionalista de la cuenta? Da por supuesto que a la sociedad le interesa que se haga el mayor bien para el máximo número de personas. Puede que resulte difícil discrepar de esa proposición en teoría, pero la práctica suele presentarse de manera bastante diferente. Con todo, la lógica fundamental subyacente debería de ser válida en este mundo nuestro, a menudo tan ilógico: cuanto más nos preocupemos por los efectos secundarios negativos de la geoingeniería frente a no hacer lo bastante para prevenir de entrada el cambio climático, más gente tendrá que ponerse de acuerdo para autorizar alguna clase de intervención basada en la geoingeniería. No se trata de una declaración revolucionaria. La fórmula lo único que hace es esclarecerlo.

Además de una moratoria (inicial) sobre toda investigación por encima de cierta magnitud, esta fórmula podría servir de punto de partida para nuestras conversaciones sobre gobernanza. Dado que sabemos que el equilibrio entre errores de comisión (la geoingeniería descontrolada) y errores de omisión (el descontrol del calentamiento global sin que la geoingeniería palíe sus peores efectos) es el quid de la cuestión, concentrémonos directamente en este equilibrio.

Decidir acerca de una regla de votación sobre la geoingeniería, por supuesto, es adelantar acontecimientos. Primero habría que concentrarse en la investigación. Allí también, fijarnos en los errores potenciales podría servirnos de orientación. Lo que puede decidir el desenlace es lo que suceda cuando las cosas vayan mal. ¿Qué posibilidades hay de que mueran diez, cien o mil personas como consecuencia directa de una intervención particular? ¿En qué riesgos existenciales —si es que hay alguno— estamos incurriendo nosotros mismos al poner en práctica la geoingeniería?

Beneficios plenos frente a costes, con algunos ingredientes inciertos y otros desconocidos

Posiblemente se trate de la pregunta más importante de todas: ¿cuáles son los auténticos costes sociales de la geoingeniería —con todos los efectos secundarios potencialmente nocivos de arrojar partículas sulfatadas a la estratosfera— en comparación con sus posibles beneficios?

Sólo tener en cuenta la estimación de entre 1.000 y 10.000 millones de dólares de costes estrictos de la ingeniería pone en evidencia el efecto iniciativa de gorra, pero eso no nos dice nada de los auténticos costes sociales, que incluyen más cosas. Por lo que sabemos ahora mismo, los costes indirectos de los posibles efectos secundarios podrían acabar minimizando los presuntos beneficios. En cierto sentido, sería el peor de los mundos imaginables: creer que la geoingeniería saldrá barata y que obrará milagros, cuando en realidad no es así.

También supone volver al punto de partida: dar la espalda a los costes totales y a las consecuencias de nuestras acciones es lo que causó el problema climático de entrada. Echemos un vistazo a los costes totales de todas y cada una de las soluciones propuestas, y centrémonos en particular en los elementos inciertos y también en aquello que resulta imposible de conocer.

Capítulo 7

Lo que puede hacer usted

Su voto no cuenta.

Pongamos a un grupo de economistas en una habitación para que debatan acerca de lo sabias y beneficiosas que son las decisiones individuales, y muy pronto acabarán debatiendo acerca del valor de votar que, en algún sentido estrecho y *económico*, es cero.

Es un trago amargo y se da de bofetadas con cualquier llamamiento al deber cívico, pero no lo decimos a la ligera. La posibilidad de que su voto marque la diferencia final es tan escasa que cabría calificarla de nula. Algunas de las mejores investigaciones sobre este tema —llevadas a cabo por un equipo que incluye a Nate Silver, famoso por sus estadísticas de béisbol, y más recientemente por sus pronósticos electorales— cifran la probabilidad de que su voto suponga una diferencia en unas elecciones presidenciales estadounidenses en uno entre sesenta millones. Y esa cifra incluye el enfrentamiento del año 2000 entre George W. Bush y Al Gore en Florida. Por decirlo de forma moderada, se trata de una posibilidad remota. Aun cuando su candidato fuera capaz de incrementar el producto interior bruto de Estados Unidos en un 25% en un año dado —y partimos del supuesto de unos comicios muy reñidos—, el beneficio personal que vaya a obtener usted de depositar en las urnas el voto decisivo sería sólo de una fracción de céntimo o, dicho de otra forma, cero.

No podemos dejar las cosas aquí. Sería una perspectiva bastante deprimente, además de incompleta. Puede que por sí solas, la estadística y la economía no sean las herramientas más indicadas para analizar las acciones individuales de cada cual. La ética, por ejemplo, desempeña un papel importante.

¿Para qué votar?

Puede que los autoproclamados economistas «racionales» sigan mostrando perplejidad en privado y bromeando acerca de cómo el voto es uno de estos misterios inexplicables. Para los demás no lo es. Todos sabemos que votar es lo correcto. En los países democráticos, hombres y mujeres de uniforme pagan con sus vidas por nuestro derecho al voto. Es un derecho sagrado. Es el epítome de la democracia. No votar es despreciar los valores democráticos y humanos. No deberíamos únicamente limitarnos a votar. Deberíamos *flipar* votando, o al menos exhibir pegatinas declarando que lo hemos hecho, para así convencer a otros de que también lo hicieran.

Puede que sus beneficios monetarios individuales sean nulos, pero eso no viene al caso. De lo que se trata es de hacer lo correcto, y no puede haber nada más correcto que votar. No requiere que lleve a su familia a un comedor social para hacer labores de voluntariado el día de Navidad por la mañana. No hace falta pagar ningún dinero extra por hacerlo (desde que se ilegalizaron los impuestos al sufragio). Algunas empresas hasta dan fiesta para permitir votar. Además, puede expresar su opinión sin tener que hacerlo públicamente. No tiene que decirle a nadie por quién ha votado, siempre y cuando lo haya hecho. Con simplemente votar, sus deberes cívicos quedan cumplidos.

Los académicos tienen la virtud de complicar bastante las cosas. Esta es una versión resumida de lo que Jason Brennan describe como la «teoría popular de la ética del sufragio»:

1. Cada ciudadano tiene el deber cívico de votar.
2. Todo voto depositado de buena fe es moralmente aceptable. Como mínimo, es mejor votar que abstenerse.
3. Es intrínsecamente malo comprar o vender votos.

Acto seguido, Brennan invierte doscientas páginas en destruir ese teorema popular y formular una justificación ética más compleja para el acto de votar. Hasta puede entender que se comercie con el voto propio y el ajeno, pero no le vale un voto cualquiera. Si uno no va a votar anteponiendo el bien común a los propios intereses estrechos y egoístas, más vale que no vote en absoluto.

En otras palabras: su deber cívico no sólo consiste en votar, sino en *votar bien*. Sería difícil discrepar de esta afirmación. Vote por una causa más importante que usted mismo. Vote por aquellos que prometen algo más que sacar adelante los intereses de ellos (¡o los de usted!). Vote por quienes aspiran a beneficiar a la sociedad en conjunto.

Signifique eso lo que signifique en cada caso concreto, está claro que va más allá del razonamiento tipo no-sé-si-debería-votar-preferiría-quedarme viendo-la-tele. Levántese y vote; es lo correcto, y no lo haga por el solo hecho de votar. Vote en tanto que ciudadano informado. *Vote bien.*

Eso quiere decir pensar a fondo sobre las preguntas que planteamos en este libro, y luego preguntarse seriamente si quiere dar su voto o no a candidatos que van a hacer algo en relación con el cambio climático.

Por qué reciclar, ir en bicicleta y comer menos carne

Cambie de chip y empiece a reducir, reutilizar y reciclar, el mantra de todo buen ecologista. En este caso, la idea subyacente es, a grandes rasgos, la misma que al hablar del voto. Tomadas de manera aislada, sus buenas acciones no van a cambiar el curso de la historia. El reciclaje no va a detener el calentamiento global. Uno de nosotros escribió un libro entero titulado *But Will the Planet Notice?* [«Pero, ¿lo notará el planeta?»].

No, no lo notará.

Las cuentas no podrían estar más claras, y sin tener que pasar por razonamientos del tipo de Nate Silver para averiguar la probabilidad de que nuestro voto pudiera decidir una elección presidencial estadounidense. Reducir nuestra propia huella de carbono a cero es un gesto muy noble, pero apenas es una gota dentro de un cubo. De manera literal: el cubo norteamericano típico contiene unas 300.000 gotas, pero cada estadounidense no es más que un individuo entre 300.000.000, y cada ser humano sólo uno entre 7.000 millones más.

A veces, su granito de arena no sirve de nada. En palabras de David MacKay cuando analiza las consecuencias sobre el sistema global de la energía, «si todo el mundo hace un poquito, *sólo lograremos un poquitín*». Entonces, ¿para qué hacerse ecologista ? Porque es lo correcto. También es la manera de asimilar los valores que tendremos que aplicar a una escala mucho mayor para abordar el cambio climático.

Recicle. Vaya a trabajar en bici. Coma menos carne. Plantéese la posibilidad de hacerse completamente vegetariano. Enseñe a sus hijos a hacer lo mismo, y a cerrar el grifo mientras se estén cepillando los dientes. Le conviene. Conviene a quienes lo rodean. Es lo correcto.

Pero hágalo bien. No se limite a votar sin más. *Vote bien.* No se limite a reciclar. *Recicle bien.*

Recicle bien

Si los actos individuales inherentemente éticos de gestión medioambiental —como el reciclaje— desembocan en mejores políticas, díganos dónde hay que apuntarse. El objetivo, en última instancia, es poner en práctica las mejores políticas de conjunto que orienten las fuerzas del mercado en el sentido adecuado. Así que si pedirle a una persona que recicle más es el punto de partida para que luego acuda a las urnas y vote por las políticas correctas en interés de todos, estupendo. Si se pide a la gente que se haga ecologista de maneras modestas, como por ejemplo acudiendo al supermercado con una bolsa de lona, puede que entonces sienta una mayor obligación moral de hacer algo respecto de las cuestiones medioambientales más amplias. Los psicólogos lo llaman la «teoría de la autopercepción»: al verse uno mismo más ecológico, votará de manera más ecológica.

Ahí es donde intervienen el círculo virtuoso del compromiso cívico, los cambios de conducta informados, y todo lo que contribuye a vivir en un planeta mejor: votar bien conduce a mejores políticas, y éstas a su vez generan una ciudadanía mejor informada. Una ciudadanía mejor informada, a su vez, conduce a mejores políticas medioambientales, y unas mejores políticas medioambientales conducen a su vez a que más gente recicle bien.

Llamémoslo la *Teoría del cambio de Copenhague.* Los daneses no se despertaron un buen día y decidieron ir en masa a trabajar en bicicleta a despecho del frío glacial del norte de Europa. Tampoco el alcalde de Copenhague amaneció un buen día y decidió instalar el número suficiente de carriles bici para que los residentes dejasen de lado sus coches y cogieran sus bicis. Los coches habían dominado Copenhague durante décadas, al igual que la mayoría de las demás ciudades europeas. Fue precisa la crisis del petróleo de la década de 1970, el auge del ecologismo y años de activismo para pasar de los «domingos sin coche» a que más del 50% de los ciudadanos de Copenhague fuera a trabajar en bicicleta todos los días.

Ir en bicicleta no es un hecho aislado. La ley norteamericana de Derecho de Voto de 1965[1] no se aprobó de la noche a la mañana. Fueron precisos años de todo tipo de acciones, desde las primeras sentadas hasta la Marcha de Selma a Montgomery[2]. El movimiento ecologista estadounidense, que inauguró la «década medioambiental» de los años setenta, siguió una trayectoria similar. Años de activismo acabaron desembocando en los cambios legislativos necesarios, y el debate no terminó ahí.

El tiempo es el factor más importante. Hubo una época en la que disponíamos de décadas para lograr que el barco climático cambiara de rumbo. Ya no es así. Por eso es más necesario que nunca acertar en nuestra teoría del cambio. Llegados a este punto, regresamos a nuestro tema recurrente de los *trade-offs*, de las compensaciones y equilibrios, esta vez a cuenta del *buen reciclaje*.

Los economistas consideran la existencia de los *trade-offs* como una obviedad. Los psicólogos añaden otra vuelta de tuerca, y ponen cabeza abajo los efectos del tipo «al sentirse uno mismo más ecológico, votará de manera más ecológica». Digamos que existe una tendencia al «efecto expulsión», es decir, al efecto de que hacer una cosa expulsa las demás cosas

---

[1] La Ley de Derecho al Voto de 1965 para asegurar el derecho al voto de afroamericanos en Estados Unidos y acabar con las prácticas discriminatorias en este sentido. Después de casi cien años de la promulgación de la Decimoquinta Enmienda a la Constitución estadounidense —que prohíbe cualquier tipo de discriminación a causa de la raza o el color de los ciudadanos—, el derecho constitucional al voto quedó protegido de manera suplementaria, ya que hasta entonces en algunos estados para votar se exigían pruebas de alfabetización o el pago de algún impuesto, requisitos que luego servían de pretexto para limitar el derecho al voto de las personas de color. *(N. del t.)*

[2] Las tres marchas de Selma a Montgomery en 1965 formaron parte del Movimiento por el Sufragio de Selma, que llevó a la aprobación de la Ley de Derecho al Voto de 1965. (*N. del t.*)

posibles de la lista de cosas que uno vaya a hacer. La amenaza del cambio climático impulsa a la gente a actuar, pero sólo hasta cierto punto. En la forma extrema de dicho efecto, la «preferencia por una sola clase de acción», es posible que las personas sólo hagan una cosa, como reciclar, o colocar paneles solares en el tejado, o comprar productos «ecológicos». Eso no significa necesariamente que nadie crea en realidad que una sola medida basta para detener el cambio climático, pero esa única iniciativa puede bastar para aplacar las inquietudes de mucha gente y hacer que pasen página. Sí, el clima está cambiando, pero sigue habiendo mujeres que mueren dando a luz. También hay otros problemas por los que preocuparse, y en lo que se refiere al cambio climático ya he cumplido con la parte que me toca.

De forma instintiva, los economistas se sienten más cómodos con la visión del mundo del tipo «efecto expulsión» que con la que sustenta la teoría de la autopercepción, también conocida como *Teoría del cambio de Copenhague*. Al fin y al cabo, a menudo los *trade-offs* llevan a las personas a reemplazar una acción por otra. Eso resulta especialmente preocupante cuando se sustituyen actos políticos de mayor envergadura (como votar) por acciones aisladas individuales (como el reciclaje). Hasta la fecha, el fenómeno ha sido estudiado de manera sorprendentemente pobre.

Sabemos bastante acerca de los mecanismos que relacionan la acción colectiva con los actos individuales. A veces, fijar incentivos apropiados —pagar a la gente por hacer determinadas cosas— obstaculiza el comportamiento virtuoso. Si se paga a las personas por donar sangre, se constata que las donaciones de sangre disminuyen, al menos entre las mujeres. Los hombres no parecen tener tantos escrúpulos por que se les pague por sus donaciones, y en relación con las donaciones hechas por mujeres, éstas también aumentan cuando el dinero se entrega a organizaciones caritativas en lugar de a ellas.

También sabemos más de una cosilla acerca de los efectos de sustituir unas acciones individuales por otras. Si se le pide a la gente que pague voluntariamente más dinero por la «electricidad ecológica», se constata que algunas personas incrementan en consecuencia su consumo de electricidad.

Ambos mecanismos corroboran la visión del tipo «efecto expulsión», en la que un acto ecológico aislado no sólo no engendra necesariamente otro, sino que incluso puede convertirse en una traba debido a los *trade-offs* que caracterizan el comportamiento cotidiano de las personas. No obstante, sabemos poco acerca de si la tendencia al «efecto expulsión» realmente se extiende de la acción individual a los actos colectivos.

Nadie quiere que predomine la tendencia al «efecto expulsión». Eso es algo que se debe evitar y superar. Si usted se sorprende a sí mismo reciclando ese vaso de papel y cree que por hoy ya ha contribuido a solucionar el calentamiento global, piénselo dos veces. Si se sorprende a sí mismo comprando una de esas compensaciones de emisiones de carbono para volar de un extremo a otro del país, se siente mejor volando así, y como consecuencia acaba volando más, eso tampoco estaría muy en consonancia con el espíritu de esa práctica. «¿El hotel sólo me cambia las toallas cuando las tiro al suelo y la compañía aérea me permite gastar 20 dólares extra para compensar mis emisiones de carbono? ¡Ecovacaciones, allá voy!»

Nada de esto es inverosímil, incluso para los ecologistas más comprometidos. Uno no puede hacerlo todo. Son muchos los ecologistas que reciclan, no comen carne, no conducen y en general intentan hacerlo todo de manera ecológica, pero que aun así siguen cometiendo otros pecados con el carbono, a menudo más significativos. Los vuelos comerciales son uno de los ejemplos más claros.

El cielo es el límite

Hasta los ecologistas más comprometidos, que siempre llevan encima bolsas de lona y beben agua mineral en botella reciclable, suelen poner el límite en los vuelos comerciales. Se puede y se debe tomar el tren para ir de Nueva York a Washington D. C., pero para viajar de Miami a Seattle la cosa cambia, y para viajar de Atlanta a Pekín es imposible. Tal es la suerte del ecologista transcontinental: charlas que dar; reuniones que celebrar; glaciares en vías de derretirse que ver de primera mano. Puede que las videoconferencias puedan proponerse como alternativa a tomar aún más vuelos, pero a veces simplemente no basta con telefonear. La diplomacia, como todos sabemos, tiene lugar a la hora de la sobremesa.

Hay viajes de negocios que son imprescindibles. Se trata del ejemplo por antonomasia de la mano-no-tan-invisible del mercado en acción. Si uno se ofrece generosamente a no embarcarse en el avión a fin de reducir su huella de carbono, el planeta no notará su sacrificio, pero sus competidores sí.

Siempre puede usted pagar a alguien para que plante un árbol o capture el metano de un estercolero para compensar la contaminación que causa su vuelo, y debería hacerlo. Sin duda, tendríamos que estar plantando más árboles y cubriendo más estercoleros. Ahora bien, ese no es el tipo de cambio que realmente hace falta. Esa clase de cambios sólo puede producirse a nivel político.

Podemos volvernos hacia la Unión Europea en busca de algunas respuestas. Su sistema de compraventa de emisiones incluye los vuelos comerciales interiores desde enero de 2012. Los pasajeros del típico vuelo en el interior de la Unión Europea pagan por una parte de la contaminación por carbono que generan. La media de los precios actuales se sitúa en torno a los dos dólares por tonelada de dióxido de carbono. Eso no es ni de lejos suficiente para cubrir los verdaderos costes de contaminación de cada vuelo, que recordemos se situaban en torno a los 40 dólares o más. No obstante, es un comienzo significativo y un paso decisivo más allá de las acciones voluntarias. Los pasajeros que paguen esta pequeña cantidad pueden emprender ahora sus viajes con la conciencia un poco más tranquila. En lugar de apropiarse de todos los beneficios que genera esa reunión con un cliente (mientras otros 7.000 millones de personas pagan por la contaminación que ha producido nuestro vuelo), cada uno empezará a pagar por su propia contaminación y, por tanto, se sentirá motivado a cambiar su forma de actuar. El objetivo, por supuesto, debería ser ampliar el sistema y profundizar en él: considerar los costes totales de contaminar, y gravar todos los vuelos, no sólo los internos de la Unión Europea.

Ahí es donde la Organización Internacional de la Aviación debería intervenir y ponerse seria con lo de abordar de forma verdaderamente global las emisiones aeronáuticas. El grado de ambición de un enfoque global semejante es importantísimo, aunque el principio esté claro. Sir Richard Branson lo describió a la perfección: «Creo que la necesidad de un impuesto global sobre el carbono es algo que salta a la vista, que debería haberse introducido hace quince años, y que entonces habría sido completamente justo. Todas las compañías aéreas del mundo habrían sido tratadas de la misma forma, igual que todas las empresas de fletes... Como dueño de una aerolínea, estoy seguro de que me cantarán las cuarenta cuando llegue a casa... pero debería haber un impuesto global justo que hiciera que todo el mundo absorbiera una pequeña parte del castigo. No sería inmensa. Y si eso ocurriera, tendríamos el problema controlado».

Amén.

La política climática no es física nuclear. Es algo más complicado. Ahora bien, la solución es bransonianamente obvia: poner un precio al carbono. Todo radica en cómo llegar ahí.

Si la «teoría de la autopercepción» —la *Teoría del cambio de Copenhague*— acaba por llevarse el gato al agua, cada poquitín contribuye al siguiente y acaba desembocando en que la mitad de los residentes de Copenhague acudan al trabajo en bicicleta y también en políticas nacionales enérgicas que conduzcan hacia un mundo bajo en carbono y alto en eficiencia. En ese caso, el reciclaje, la reutilización y la compraventa de emisiones de carbono bien podrían producir cambios reales con rapidez.

Si es la tendencia al «efecto expulsión» la que acaba por imponerse, muchas apelaciones demasiado directas a nuestro «lado bueno» podrían ser contraproducentes. Esto podría ser especialmente cierto en lo que se refiere a quienes se encuentran en la parte central del espectro político, que en última instancia decidirán cuál será la política ganadora. Es fácil convencer a los ecologistas para que reciclen más, pero ellos ya van a votar a favor de una política climática enérgica pase lo que pase. A quienes hay que convencer de eso es a quienes están en tierra de nadie.

Está claro que ninguna de las dos teorías del cambio será válida para todas las situaciones. El mundo es mucho más complejo de lo que haría suponer cualquiera de estos dos mecanismos sencillos. Una cosa está clara: hay que combatir la tendencia al «efecto expulsión» cueste lo que cueste. Pero si usted tiene que escoger entre reciclar y votar por un precio sobre el carbono, opte por votar.

Paso número 1: grite

¿Qué cosas son las que *puede* hacer? Para empezar, no fiarse de ninguna lista en la que figuren diez cosas que puede hacer para detener el calentamiento global. Usted no puede detenerlo por su cuenta. Si ir a trabajar en bicicleta y bajar el aire acondicionado inspira a sus amigos y compañeros de trabajo, y además contribuye a la creación de un movimiento, estupendo. Sin embargo, por sí solas esas acciones no van a salvar la atmósfera. Recordemos la analogía de la gota en el cubo. Existe una línea muy delgada entre las simples acciones aisladas y lo que de verdad cuenta. Usted no puede detener el calentamiento global, pero, ¿qué pasaría si una gran superficie anunciara que iba a hacer más *verde* su cadena de suministros y así eliminar veinte millones de toneladas de dióxido de carbono para el año 2017? ¿Qué sucedería si una gran aerolínea utilizase la compraventa de emisiones de carbono, no sólo como herramienta de marketing, sino para fomentar un cambio real, quizá incluso porque se beneficiaría directamente de un sistema de precios del carbono global, ya que su flota sería más joven y más eficiente y, por tanto, contaminaría menos que las de la competencia? ¿Qué pasaría si se replanteara la decisión de construir un oleoducto para transportar petróleo de arenas bituminosas desde Canadá hasta refinerías situadas en el golfo de México?

La respuesta sencilla es que los que eligen son los que tienen iniciativas. Si hacer más verde su cadena de suministros no sólo es bueno para el planeta, sino también para sus negocios, adelante. Todo el mundo sale ganando. Lo mismo cabe decir de construir un nuevo oleoducto o, mejor dicho, de no construirlo. Si un cálculo coste-beneficio honrado demuestra que le saldría demasiado caro al planeta, la decisión está clara. Ahora bien, de nuevo lo que probablemente importe más es el paso siguiente: si una determinada actitud nos lleva a más iniciativas futuras, adelante, pero si nos conduce a un callejón sin salida, paremos y reflexionemos. Los *trade-offs* importan. Importan en lo que se refiere a las decisiones individuales y también desde el punto de vista político.

Al fin y al cabo, un gobierno democráticamente elegido hace (hasta cierto punto, conforme avanza el tiempo) lo que quieren sus ciudadanos. Ahí es donde intervienen los activistas. Si el hecho de que nos detengan delante de la Casa Blanca le deja más claro al presidente que queremos que tome iniciativas, ahí estaremos. El movimiento de los derechos civiles contó con Malcolm X y Martin Luther King y Rosa Parks, cada uno con su propia estrategia. Puede que alguno de ellos se pronunciara en contra de tal o cual acción porque creían que podía salir el tiro por la culata o porque la consideraran insuficiente. Sin embargo, a la postre todos pudieron atribuirse el mérito de que el presidente Lyndon B. Johnson firmase la Ley de Derechos Civiles de 1964. Y el activismo —y su carácter necesario— no acabó ahí.

Así que: grite, proteste, debata, negocie, persuada, *twitée;* utilice todos los medios a su alcance para reivindicar un cambio político a la altura del desafío climático. En términos de la lógica de la ventaja comparativa que tanto agrada a los economistas, hagan lo que sepan hacer mejor: que los docentes enseñen, que los estudiantes estudien y que los líderes comunitarios lideren. Entretanto, evite la tendencia al «efecto expulsión» a cada paso del camino y asegúrense de tener presente el paso siguiente: la *Teoría del cambio de Copenhague* en acción.

Ese es el paso número 1. Y es válido a todos los niveles, desde los ayuntamientos hasta las capitales de los Estados, desde Washington D. C. hasta cualquier otra capital del mundo y a todos los niveles de la estructura de las Naciones Unidas. Existen formas mejores y peores de gritar, y nosotros no pretendemos saber más que los estrategas políticos, encuestadores y otros expertos. Si grita mal, es posible que el tiro salga por la culata. Grite bien y eso tal vez nos permita rebasar un umbral legislativo aparentemente insalvable.

Por el amor de Dios, *grite bien.*

Paso número 2: adaptarse

Elisabeth Kübler-Ross nos explicó las cinco etapas del duelo. Ya estamos muy lejos del momento en que la negativa a reconocer la realidad nos conduce a la ira, los intentos de negociación o la depresión. El globo terráqueo ya se ha calentado 0,8 °C. Los fenómenos climáticos extremos parecen ser la nueva norma. La ciudad de Nueva York ha sido golpeada por dos tormentas «del siglo» en dos años. Los costes crecen. La reacción apropiada es la de ser consciente de ello.

Hablando claro, deberíamos hacer todo lo que esté en nuestra mano para impedir ulteriores cambios climáticos. De lo que se trata no es de saber si deberíamos ponerle un precio al carbono, sino de cuánto debería ser. Está claro que el precio óptimo es tan elevado respecto del punto donde nos encontramos a nivel global que ahora mismo lo único que puede hacer es aumentar. Subir el precio del carbono. Todo eso pertenece a la categoría «gritar».

Adaptarse al cambio climático va acompañado de una característica fundamental. A diferencia de hacer algo desde el principio para evitar que el clima siga cambiando, adaptarse es algo que gira por completo alrededor de uno mismo. Uno compra un aparato de aire acondicionado; se siente más fresco, pese a que el planeta se caliente algo como consecuencia. Eso no significa que eso sea incorrecto desde el punto de vista individual, pero hay formas mejores y peores de adaptarse.

Si usted ha contratado una hipoteca a treinta años, piénselo dos veces antes de comprar ese chalet en primera línea de mar. Cualquier banco con un departamento de riesgos podría echar una ojeada a los mapas de altitud y decidir no concederle la hipoteca. Ahora bien, no confíe en ese proceso de toma de decisiones. Es usted, no el banco, el que se va a quedar con la propiedad transcurridos treinta años, cuando el nivel del mar haya subido.

Quizá un indicador mejor sería fijarnos en hacia dónde van las primas de seguros para riesgos relacionados con el clima. En la mayoría de los casos, no pueden ir más que hacia arriba. Lloyd's de Londres, Munich Re, y Swiss Re, entidades reaseguradoras que se quedan con el riesgo final, llevan años advirtiendo acerca de los riesgos asociados con el clima. A la larga, a las aseguradoras y reaseguradoras no les pasará nada. Cobrarán primas más elevadas o dejarán de vender determinadas pólizas, y lograrán mantener intactos sus márgenes de beneficio.

Mientras unas primas de seguros más elevadas indiquen que no se debería estar reedificando en una zona de inundaciones, mejor que mejor. Ahora bien, a menudo somos todos los que pagamos la factura, y a veces de forma directa. Parte de las decenas de miles de millones de dólares en ayuda federal para el huracán Sandy han ido a parar a la reconstrucción de las propiedades para dejarlas como estaban antes de que el huracán las borrara del mapa. Eso es un desastre subvencionado por el Estado. Sería mucho mejor poner en práctica la propuesta del gobernador de Nueva York, Andrew Cuomo, y emplear una parte de ese dinero para comprar propiedades privadas y convertirlas en terrenos públicos. La próxima gran tormenta requerirá de manera inevitable ayudas de urgencia adicionales para asistir a los más afectados. Las ayudas también engendran inevitablemente la consecuencia involuntaria de subvencionar a la gente que habita en zonas con riesgo de inundación. Los gobiernos no deben eludir la responsabilidad de ayudar a los más perjudicados, pero está claro que deberían dejar de alimentar este círculo vicioso.

Si bien no deberíamos estar concediendo ayudas a propietarios de viviendas que reconstruyen sus hogares inundados en remotas islas barrera, algunas medidas de adaptación podrían estar justificadas frente a la subida del nivel de los mares. No es ningún secreto que acabaremos teniendo que trasladar gran parte de la ciudad de Nueva York a terrenos más elevados, salvo que (o posiblemente pese a) que armemos suficiente escándalo al respecto. Tampoco es ningún secreto que en el ínterin erigir unos rompeolas más elevados podría ser la mejor opción. Los holandeses lo saben desde hace mucho. Sus diques son necesarios por la sencilla razón de que grandes extensiones de los Países Bajos ya se encuentran por debajo del nivel del mar, sin que el cambio climático haya tenido nada que ver. Nueva York se enfrenta ahora a cuestiones similares en torno a la construcción de esclusas para impedir que las marejadas ciclónicas o cosas peores sepulten la ciudad. La posibilidad de que las mareas provocadas por tormentas rebasaran los típicos rompeolas neoyorquinos era del 1% a mediados del siglo XIX. Desde entonces ha aumentado hasta alcanzar entre un 20 y un 25% de probabilidad al año. Manhattan es la sede de inmuebles por valor de cientos de miles de millones de dólares, todos ellos concentrados en un área relativamente pequeña. Un rompeolas para impedir lo peor podría resultar comparativamente barato. Eso es lo que hacen los holandeses, a una escala mucho más amplia.

***

Adaptarse es ante todo una cuestión de planear con antelación. Si tiene usted una amiga holandesa que vive detrás de un dique, dígale *Plan voor het ersgste* («Planea para lo peor»). Usted contrata un seguro no con la esperanza de que algo vaya mal, sino para asegurarse en caso de que así suceda. La inmensa mayoría de las pólizas contra incendios nunca llegan a pagar nada. Es exactamente por eso que la aseguradora puede permitirse venderle a usted un seguro.

Nadie sabe si la próxima inundación del siglo golpeará Nueva York el año que viene o en la década siguiente. (A estas alturas, nosotros estamos bastante convencidos de que será antes del siglo que viene.) Lo único que sabemos es que no podemos ser autocomplacientes. La misma lógica también es válida a más largo plazo.

Patek Philippe es famosa por sus campañas publicitarias en las que aparece un padre orgulloso de su hijo. Esta empresa familiar, ahora ya en manos de la cuarta generación, querría que inaugurara usted su propia tradición familiar, a ser posible saliendo a la calle a comprar uno de sus relojes para luego engalanar la muñeca de su progenie con él. Algunas inmobiliarias de Nueva York han empezado a imitar esas campañas con lemas como: «Sean propietarios durante generaciones». Que eso sea posible depende de en cuantas generaciones esté usted pensando. Si su horizonte termina con sus nietos, lo más probable es que todo vaya sobre ruedas. Ahora bien, no hará falta que pasen muchas generaciones para que algunos de estos propietarios del bajo Manhattan tengan que enfrentarse al mismo dilema al que algunos neoyorquinos, (los que viven en Breezy Points, o Queens) se enfrentan ahora: ¿reconstruir tras la inundación o simplemente trasladarse a terrenos más elevados?

Haga lo que haga, no se desprenda de su nacionalidad canadiense, sueca o rusa. Quizá usted y sus nietos sigan queriendo irse de vacaciones al sur, pero se avecinan inmensos cambios.

Paso número 3: benefíciese

Imagínese el *Fondo 700 ppm.* Esa cifra está lejos de ser inmutable, pero es la conjetura de la Agencia Internacional de la Energía (AIE) acerca de adónde habremos llegado en el año 2100. La AIE tiene en cuenta los objetivos de reducción de emisiones declarados de todos los países y más aún. Este panorama, optimista de antemano, implicaría una probabilidad del 50% de calentamiento global promedio de más de 3,4 °C por encima de las temperaturas preindustriales y alrededor de una probabilidad del 10% de que el calentamiento global supere los 6 °C. Recordemos el capítulo 1: la referencia de Mark Lynas al Sexto Círculo del *Infierno* de Dante o HELIX, el proyecto de investigación de la Unión Europea que detalla los efectos. Tanto Lynas como HELIX sitúan el final de sus escenarios de pesadilla en los 6 °C. Nosotros nos enfrentamos a una posibilidad de una entre diez de llegar a esa cifra o rebasarla. Es difícil que lo que decimos acerca del aspecto que tendría el mundo no suene exageradamente dramático. La última vez que las concentraciones llegaron a 400 ppm, el nivel del mar subió veinte metros. Un planeta de 700 ppm tendría un aspecto muy diferente a todo lo que podamos imaginar en la actualidad. Con todo, nos dirigimos hacia ese escenario.

Supongamos que dispone usted de 1.000 millones de dólares para invertir en un mundo semejante. Una manera de sacarle partido sería invertir en la restauración de activos dañados. Alguien tendrá que extraer el agua de las inundaciones y reconstruir las viviendas. El reverso de la moneda del coste de lidiar con el cambio climático es que suena la caja registradora. Unos costes enormes conllevan grandes oportunidades de obtener beneficios.

La escala temporal de la que se trate es un elemento fundamental. La mayoría de estos efectos tardarán décadas en producirse, aunque muchos de ellos no. Las tormentas extremas, las sequías y las inundaciones ya están afectándonos de cerca. Adquiera alimentos básicos, agua potable o cualquier clase de mercancía que vaya a escasear y, por tanto, que vaya a ser más cara en un mundo más cálido e inestable. Para sacar partido de la tendencia general, compre todos estos activos mientras todavía queden muchos escépticos climáticos por ahí y así se asegurará de haberse introducido en ese mercado antes de que los precios despeguen de verdad. Y ya que estamos imaginando oportunidades de inversión en un mundo que se dirige hacia los 700 ppm, compre participaciones de las empresas mineras y las compañías petrolíferas lo bastante espabiladas como para hacer prospecciones en un Ártico recién despojado de hielo.

***

Ahora imaginémonos el *Fondo 350 ppm.* Hace ya mucho que hemos superado ese umbral. Ahora mismo nos encontramos en 400 ppm sólo para el dióxido de carbono, y la bañera atmosférica se está llenando a un ritmo cada vez más veloz. Regresar a los 350 ppm requeriría dar media vuelta inmediatamente. Todo lo que sabemos de economía nos dice que eso no va a pasar y no puede pasar. «Simplemente» clausurar todas las chimeneas —una desindustrialización inmensa, inmediata y global— no bastará. En cualquier caso, exigiría una reindustrialización enorme para transformar los sectores de la energía y del transporte y empezar a capturar carbono directamente del aire.

Durante muchos años seguirá habiendo gran cantidad de infraestructuras amenazadas. Tenemos garantizadas décadas, puede que incluso siglos, de subida del nivel del mar y lidiar con incógnitas. Quizá sea ya demasiado tarde para el manto de hielo de Antártico occidental, pero puede que el mundo logre evitar otros puntos críticos con efectos todavía más onerosos.

El panorama está dominado por los activos obsoletos. Bill McKibben popularizó ese concepto en la revista *Rolling Stone*. El Capital Institute le hizo las cuentas: sólo para estabilizar las concentraciones de dióxido de carbono en la atmósfera a 450 ppm, será preciso que una cantidad de carbono que sigue bajo tierra por valor de alrededor de 20 billones de dólares permanezca allí o sea extraída sólo si a la vez se vuelve a depositar allí el dióxido de carbono resultante, lo que de paso provocará la devaluación de las empresas de combustibles.

En este mundo, lo mejor que podría hacer con sus 1.000 millones seguramente sería apostar en contra del carbón, el petróleo y el gas natural. Están destinados a rendir menos que el mercado en su conjunto. El viento, la energía solar y toda clase de tecnologías bajas en carbono salen ganando. Las tecnologías de captura de carbono también podrían ser otro de los grandes éxitos, suponiendo que el precio del dióxido de carbono que paguemos todos sea el apropiado. Una vez más, el sentido de la oportunidad lo es todo. A fin de ganar dinero, será fundamental entrar justo en el momento adecuado.

***

La verdad debería estar situada en algún punto intermedio, entre la pesadilla del universo «sin novedad en el frente» de los 700 ppm y el del sueño ecologista de los 350 ppm. Para ser claros, existe una importante diferencia entre estas dos cifras: 700 ppm es hacia dónde nos dirigimos. Reivindicar «350 ppm» es una declaración sobre dónde nos gustaría estar dirigiéndonos. Ambas pertenecen a categorías completamente distintas. Cabe esperar que si elevamos lo bastante nuestras voces y gritamos bien, el mundo pueda alejarse del precipicio futuro de los 700 ppm y orientarse hacia un desenlace más próximo a los 350 ppm, pero eso está lejos de ser una certeza.

Así pues, ¿qué hacer con los hipotéticos 1.000 millones? En primer lugar, tiene que darse cuenta de que la forma inteligente de invertir tiene que ver con las cosas tal como son (o más bien, con cómo van a ser), no con cómo deberían ser. La actual fiebre del oro del Antártico es un ejemplo clarísimo. Quienes no estén participando en la bonanza de sus rutas marítimas, sus minas y sus campos petrolíferos recién inaugurados, bien podrían salir perdiendo.

Dicho eso, algunos indicios recientes apuntan a que cabe la posibilidad de que las empresas más socialmente conscientes estén obteniendo mejores resultados, y a veces de manera muy significativa. Ahora bien, nuestras recomendaciones no van en la línea de que ver las cosas a través de unas lentes teñidas de verde podría ayudar a reconocer oportunidades que al mercado se le escapan. Al contrario, vamos a concentrarnos en el hecho de que las decisiones inversoras inteligentes giran en torno a la gestión de riesgos. Hay que distinguir entre riesgos para el planeta y riesgos para las grandes empresas del carbón, el petróleo y el gas natural, pero también existe una conexión importante: las leyes y las políticas apuntan en su mayor parte en una única dirección.

Son pocos los que ponen en duda que, dadas las tendencias actuales en el ámbito normativo, en el caso de las acciones de las tabacaleras la flecha apunta para abajo. En Australia, las empresas tabacaleras están obligadas a vender sus productos con empaquetado genérico, sin publicidad y con unas advertencias sanitarias explícitas. La Ley de Empaquetado Genérico del Tabaco australiana de 2011 se topó con la resistencia feroz de un puñado de empresas tabacaleras, que tenían mucho que perder y argumentaron ante los tribunales que la ley era inconstitucional. El día en que el Tribunal Supremo australiano rechazó esos argumentos y ratificó la ley, en agosto de 2012, el valor de las acciones de British American Tobacco y las de Imperial Tobacco cayeron un 2%. La decisión del Tribunal Supremo podría haber ido en la dirección opuesta, lo que posiblemente habría hecho subir el valor de las acciones, pero es muy improbable que los gobiernos decidan de pronto que el tabaco lleva demasiado tiempo siendo vilipendiado y comiencen a eliminar restricciones en materia de empaquetado y prohibiciones sobre el consumo en los lugares públicos. En todo caso, serán más las ciudades que sigan el ejemplo del alcalde de Nueva York, Michael Bloomberg, desterrando a los fumadores a las aceras, o peor. Los inversores preocupados por la gestión de riesgos deberían tomar nota.

Algo parecido cabe decir acerca de cualquiera que desee invertir en las empresas del sector del carbón o el petróleo. La regulación, en su mayor parte, sólo va a contribuir a que la valoración de las empresas de esos sectores disminuya, no a que suba. Serán ellas las que se queden con unos activos obsoletos en cuanto se haya establecido un precio sensato para el carbono. Es muy improbable que los gobiernos empiecen a poner impuestos sobre las empresas de energía eólica y solar o que incrementen todavía más las subvenciones a los combustibles fósiles. (Puede que las grandes empresas de gas natural estén en tierra de nadie: inicialmente podría ser que el precio de la energía procedente del carbón lo destierre de la generación eléctrica de una vez por todas, lo que convertiría al gas natural en el combustible del momento, al menos hasta que también se topase con unas limitaciones a los gases de efecto invernadero cada vez más estrictas. Puede que sea un puente hacia un futuro bajo en carbono, pero eso no quiere decir que no vaya a acabar siendo merecedor a su vez de peajes considerables.)

En resumen: deshágase de tales acciones, porque es la decisión financiera más prudente y menos arriesgada. Le ayudará a estar cubierto contra los riesgos regulatorios y los activos obsoletos. Abandonar el rumbo que conduce a los 700 ppm y dirigirnos hacia el de los 350 ppm no se producirá sin tropiezos políticos. No invertir en acciones de combustibles fósiles no sólo es la opción más ética; también podría muy bien acabar siendo la más rentable.

Dicho todo eso, retirar su capital de las acciones de combustibles fósiles podría no ser sólo la opción más ética. Mejor todavía: aplique el filtro de la conciencia social a lo que haga con los dividendos. ¿Por qué ceder el terreno de inversiones (tristemente) rentables a personas carentes de escrúpulos y que no tienen el menor interés en influir sobre la evolución actual del clima?

Está claro que todos nosotros —al menos los 1.000 millones de habitantes del planeta que más emitimos, lo que incluye a casi todos los que están leyendo (o escribiendo) este libro— nos hemos estado beneficiando de un mundo que se dirigía durante todo este tiempo hacia unos climas más cálidos. Eso no significa que esté bien, pero desde luego existe un camino ético hacia delante: ahora que la realidad de que nos dirigimos hacia los 700 ppm y el mandato de desviar esa trayectoria hacia los 350 ppm se han vuelto meridianamente claros, coja sus enormes dividendos y ponga su dinero a trabajar aún mejor; en otras palabras: grite y utilice su nueva riqueza hasta donde le sea posible para ayudar al viraje político necesario.

Epílogo
Otra clase de optimismo

> Las pruebas son abrumadoras: los niveles de gases de efecto invernadero en la atmósfera están aumentando. Las temperaturas están subiendo. La primavera llega antes. Los casquetes glaciares se están fundiendo. Está subiendo el nivel del mar. Los patrones de lluvias y sequías están cambiando. Las olas de calor están agravándose, al igual que las precipitaciones extremas. Los océanos se están acidificando.

Estas palabras son de la Asociación Estadounidense para el Avance de la Ciencia. Lo único que tiene de sorprendente el informe es lo directo del lenguaje que emplea. Por sí sola, ninguna de estas conclusiones hace avanzar la ciencia. Como insinúa el título del informe, sencillamente describe «lo que sabemos».

Lo que sabemos es malo, lo que ignoramos es peor

Cualquiera que tenga una vivienda haría bien en arreglar ese calentador que corre peligro de recalentarse o esa válvula de la cocina con fugas de gas, antes de que provoquen una catástrofe. Además, la mayoría contratamos seguros de incendios ante la improbable eventualidad de que nuestra casa quede reducida a cenizas por culpa de un accidente inesperado.

Eso no es lo mismo que desear que se produzca una catástrofe. No es alarmismo. Es una medida prudente. En el improbable caso de que un incendio destruyera su casa, el coste sería demasiado grande como para querer ahorrar con la prima del seguro.

Ironías de la vida, es precisamente en esas primas de seguros para sucesos catastróficos como las inundaciones y las sequías, donde los efectos del cambio climático sobre nuestros bolsillos podrían hacerse sentir antes. Las garantías del Estado en caso de inundaciones están siendo financiadas por toda clase de turbias razones políticas. No debería ser así, pues eso alienta a los propietarios de viviendas a edificar en zonas particularmente peligrosas. Y no será preciso que muchos huracanes más azoten Nueva York para que sea indispensable reformar todo el sistema, lo que hará que ser propietario de una vivienda en una zona de inundaciones resulte mucho más caro.

Huracanes cada vez más intensos, más inundaciones, más sequías, temperaturas más altas y niveles del mar en aumento... todo esto es *lo que sabemos que está ocurriendo y que va a seguir ocurriendo.* Computar esos efectos —al menos los aspectos que podamos realmente traducir a dólares— da como resultado un coste mínimo de 40 dólares por tonelada de dióxido de carbono arrojada a la atmósfera. Sin embargo, el mundo no se plantea nada ni remotamente cercano a esta cantidad. El precio global promedio se aproxima más o menos a 15 dólares por tonelada, si tenemos en cuenta las enormes subvenciones concedidas a los combustibles fósiles en muchos países.

***

Nada de todo esto incluye los siniestros de baja probabilidad, verdaderamente espeluznantes. Existe una diferencia inmensa entre un probable aumento del nivel del mar de entre 0,3 y 1 metro para finales de este siglo y potenciales aumentos extremos, de 20 metros o más en siglos venideros. Y es discutible que podamos calificar cualquiera de esas situaciones extremas de «improbable» o de «baja probabilidad». De acuerdo con nuestros propios cálculos, muy conservadores, existe aproximadamente una posibilidad de 1 sobre 10 de que el calentamiento global supere los 6 °C, algo que cabría calificar de «catastrófico» para la sociedad tal como la conocemos.

La sola mención de lo inevitable engendra acusaciones de alarmismo. Es todo lo contrario. Consideramos nuestra obligación mostrar el panorama completo de lo que sabemos, y señalar las consecuencias que podría tener lo que no sabemos. No nos produce ninguna satisfacción hacerlo. Sólo nos queda desear equivocarnos.

Equivocados por partida triple

En primer lugar, esperamos estar equivocados en el sentido de que los acontecimientos de baja probabilidad realmente espantosos jamás lleguen a producirse.

En segundo lugar y más importante, esperamos estar equivocados porque la sociedad logre dar un nuevo rumbo a la nave del clima antes de que se estrelle, recortando severamente las emisiones de carbono a la atmósfera. A pesar de lo que ya se ha calentado el planeta y de lo que ya ha aumentado el nivel del mar; a pesar de que haya más inundaciones, más sequías y de todos los cambios inevitables que ya se han producido, si reaccionáramos con rapidez estaríamos a tiempo de impedir que se cumplan los peores pronósticos.

En tercer lugar, esperamos estar equivocados en lo tocante al avance aparentemente imparable de la geoingeniería, y que no sea necesario lanzar azufre u otras partículas a la estratosfera para crear un escudo solar artificial. Todo lo que sabemos de economía nos dice que las mismas fuerzas fundamentales que de entrada dificultan hacer gran cosa respecto del cambio climático hacen probable que en algún momento tengamos que vérnoslas con un planeta geoingenierizado, y posiblemente de forma *canalla*. El problema climático es muy importante, y lleva mucha inercia, mientras que la tecnología propia de la geoingeniería es muy barata y accesible.

Esperamos equivocarnos por partida triple, y que al mundo le toque la lotería científica, resuelva la política aparentemente irresoluble de la reducción de las emisiones y encuentre la forma de establecer un mecanismo de gobierno a toda prueba que guíe la investigación en el ámbito de la geoingeniería en una dirección productiva y lejos de la aparente inevitabilidad de la geoingeniería canalla.

Caña al carbono

Sería fácil concluir que la economía —el capitalismo— es el problema. Indudablemente, el quid de la cuestión está en la economía. O mejor dicho, en unas fuerzas de mercado mal encaminadas.

En tal caso, una posible solución sería sencillamente cambiar de costumbres. Con tal de ralentizarnos, volver a la vida en el campo y en general hacer más con menos, el cambio climático sería cosa del pasado. Bueno, no exactamente. A la mayoría de nosotros nos gustaría pasar más tiempo con nuestras familias correteando por verdes campos y menos tiempo encadenados al escritorio. Ahora bien, está claro que con eso no basta. A base de acciones voluntarias, las cuentas sencillamente no salen. Y calcular lo que costaría cambiar el capitalismo tal como lo conocemos —por deseable que eso pudiera ser, independientemente del tema que nos ocupa— resulta cuando menos desalentador. También enturbia la cuestión.

Algunos como la autora activista Naomi Klein, reivindican que «se grave a los cochinos ricos». Una posición muy elegante. Quizá pudiéramos estar de acuerdo en que seguramente habría que cobrar más impuestos a los ricos. No obstante, de lo que se trata es de algo completamente distinto. En primer lugar y por encima de todo, deberíamos estar gravando a los cochinos a secas. En lugar de «darle caña al pez gordo», de lo que se trata es de *darle caña al carbono.*

Lejos de plantearle un problema fundamental al capitalismo, es el capitalismo, con toda su potencia empresarial y de innovación, el que representa nuestra única esperanza de evitar el *shock* climático en ciernes. Esto no es un llamamiento a favor de la libertad de mercado ilimitada. Puede que *laissez-faire* suene bien cuando se pronuncia con un acento francés impecable, al menos en teoría. Ahora bien, en una situación en la que los precios no reflejen los verdaderos costes de nuestros actos, el mercado libre no puede funcionar. Los deseos humanos de no tener trabas —en realidad, deseos erróneamente trabados— son lo que nos ha llevado al atolladero en el que nos encontramos. Unos deseos y una inventiva humanos apropiadamente canalizados, guiados por un precio sobre el carbono lo suficientemente elevado como para reflejar su verdadero coste para la sociedad, son la mejor vía que tenemos para salir de él.

Sólo entonces podremos permitirnos el lujo de hablar de lo que sería de verdad una solución ética: que a la contaminación por carbono le suceda lo mismo que al trabajo infantil y a la esclavitud; a saber, que se convierta en algo censurable por motivos puramente morales. Fuera los economistas y vengan los sacerdotes, los imanes, los rabinos o su filósofo como-se-llame favorito. Pero no de momento. Para adoptar una posición moral pura lo más elevada posible es necesario que queden posiciones elevadas que aún no hayan sido anegadas por un nivel del mar cada día más alto. Y eso, sin duda, exige tomarse la economía en serio.

Agradecimientos

Este libro se basa en más o menos una docena de artículos escritos a lo largo de una década, en muchas ideas de otra gente que hemos adaptado y en incontables conversaciones en las que nos esforzamos por pulir nuestra lógica y capacidad de argumentación.

Queremos dar las gracias primero y ante todo a nuestro editor, Seth Ditchik, que vio el potencial de este libro cuando lo único que teníamos era una colección de reflexiones desmesuradamente larga. Princeton University Press ha demostrado ser un punto de venta excelente, nos ha permitido adquirir valiosos conocimientos gracias a tres reseñas anónimas y, además, nos permitió hacer caso omiso a cualquier insinuación sobre la necesidad de añadir ecuaciones al texto. (Para alguna que otra ecuación, así como debates en profundidad y referencias detalladas, véanse nuestras *Notas*.)[1]

Peter Edidin y Eric Pooley ayudaron a dar forma a nuestras ideas antes de que escribiéramos la primera palabra. Liza Henshaw lo hizo todo posible. Rob Socolow nos ayudó a describir su examen sorpresa en el prólogo de forma adecuada.

[1] Las *Notas* de los autores a *Shock climático* pueden consultarse en www.antonibosch.com, así como también sus fuentes bibliográficas. *(N. del e.)*

Dorothy Barr, de la biblioteca Ernst Mayr de Harvard, trabajó infatigablemente para confirmar nuestras afirmaciones acerca de «camellos en Canadá» consultando fuentes reseñadas por colegas suyos. Bob Litterman nos proporcionó valiosos conocimientos acerca de la teoría y la práctica de la fijación de los precios de los activos y nos descubrió la cita de sir Richard Branson diciendo que la necesidad de un impuesto global sobre el carbono «salta a la vista». Muchas otras personas nos proporcionaron valiosos conocimientos, gracias a sus comentarios y debates, entre ellas Richie Ahuja, Joe Aldy, Jon Anda, Ken Arrow, Michael Aziz, Len Baker, Scott Barrett, Seth Baum, Eric Beinhocker, Jennifer Chen, Frank Convery, Kent Daniel, Sebastian Eastham, Denny Ellerman, Ken Gillingham, Timo Goschl, Steve Hamburg, Sol Hsiang, Matt Kahn, David Keith, Bob Keohane, Nat Keohane, Matt Kotchen, Derek Lemoine, Kathy Lin, Frank Loy, Charles C. Mann, Michael Mastrandrea, Graham McCahan, Kyle Meng, Gib Metcalf, George Miller, Juan Moreno-Cruz, David Morrow, Bill Nordhaus, Ilissa Ocko, Michael Oppenheimer, Richard Oram, Bob Pindyck, Billy Pizer, Stefan Rahmstorf, Colin Rowan, Dan Schrag, Jordan Smith, Rob Stavins, Elizabeth Stein, Thomas Sterner, Cass Sunstein, Claire Swingle, Johannes Urpelainen, David Victor, Jeff Vincent, Matthew Zaragoza-Watkins, y Richard Zeckhauser.

Katherine Rittenhouse nos proporcionó una asistencia valiosísima como investigadora a cada paso del camino. Katherine, Keith Gaby, Peter Goldmark y Tom Olson leyeron todas y cada una de las palabras, y muchas más que gracias a ellos no fueron incluidas en la versión definitiva.

Nada de esto habría sido posible sin Siri Nippita y Jennifer Weitzman, que ayudaron en todo; no sólo leyeron los primeros borradores, sino que también soportaron nuestras largas conversaciones telefónicas a altas horas de la noche y hasta algún que otro almuerzo dominical y en días de vacaciones. Escribir *Shock climático* —de forma muy semejante al propio *shock* climático en ciernes— resultó en algunos momentos tremendamente absorbente. Y al final, cabe la posibilidad de que sean las incógnitas las que acaben por imponerse: todos los demás errores son responsabilidad nuestra. Lo mismo puede decirse de nuestros puntos de vista: son nuestros y sólo nuestros. No deberían atribuirse a nadie cuyos méritos se reconozcan aquí, ni al Fondo para la Defensa del Medio Ambiente, ni a la Junta de Supervisores de la Universidad de Columbia, ni al presidente y los miembros del Harvard College ni a ninguna otra institución a la que estemos o hayamos estado afiliados.

Índice analítico